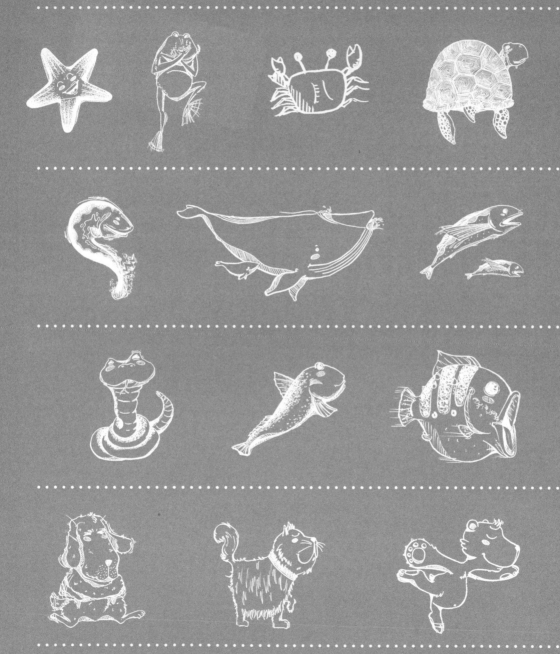

自然課沒教的事 **1**

動物總動員

楊平世 著　曾源暢 圖

貼近孩子們生活的「為什麼」（自序）？

　　一九七九年因投稿中華日報和兒童版主編吳涵碧小姐結下善緣，當時我們討論到小朋友們常向老師或做父母的提出許多問題，可是往往未能獲得滿意的答案，於是「相當大膽」地答應吳小姐在中華日報開了「我愛大自然信箱」專欄。為什麼說「相當大膽」呢？一則我仍在台灣大學攻讀博士學位，又擔任助教，也初為人父，的確相當忙；再則本以為小朋友們的問題沒什麼，應該很好應付，沒想到看似容易，回答起來可不簡單；我記得不久就曾為了好多個問題除翻閱群書之外，也專程向學有所長的專家請教。再來是如何用孩子們讀得懂的語氣回答這些問題。

　　還記得頭兩個禮拜曾擔心小朋友們問題不上門，特地準備了一、二十個小堂弟、妹們常問的題目備用，沒想到報紙一出來，第一個禮拜便有三、四十個小朋友上門「踢館」。之後，每個禮拜讀這些小朋友們用歪歪斜斜的字所寫下的問題，反倒成我的休閒娛樂。由於老大惇傑才一歲多，心想也許這些資料在他長大之後也能讀得到；而當時這類科普書籍大多是翻譯自國外，如未經專家審訂，錯誤資訊不少，所以做「我愛大自然

信箱」時也就格外投入和用心。幸運的是一九八三年「我愛大自然信箱」集結成四冊時，獲得評審們的青睞，榮獲行政院新聞局金鼎獎圖書著作獎的獎勵。當然，這得感謝當年中華日報兒童版的主編吳涵碧小姐的「慧眼」和鼓勵。

現在做父母的由於孩子生得少，大多數家庭對每個小朋友無不視若珍寶，只要孩子想要的東西，無不充分供應；屬於物質層面的畢竟比較好辦，可是觸及精神層面及知識層面的，例如和孩子之間的相處或互動，卻不是每一個人、每一位家長都能辦得到。尤其成長中的孩子對周遭的事物充滿好奇，一有問題總是連串的「為什麼」？這時候，耐心的家長如果能陪孩子們解決心中的疑惑，便能滿足孩子的求知慾，他們不但能感受到父母的關懷，學習精神和求學態度也便能朝向正面發展。可是，當孩子們一個個為什麼得不到答案，又沒能獲得做父母的關心時，他會逐漸變得冷漠，甚至自暴自棄。所以，之後我如果有機會參加親子間的活動時，我常提醒做家長的，孩子生得少就得好好教育，孩子一有「為什麼？」自己如無法解決，最好能和他一起成長，一起上網、翻書找答案，甚至一起向專家請教，讓孩子能過個充實又快樂的童年。

由於孩子們的問題「多如牛毛」，上自天文、氣象，下至地理、動物、植物，甚至民間傳說，無所不包，其實也有不少具有創意的問題；也因為長期被小朋友們「拷」問，我也練就

一番工夫，就是每當參加科學館的活動時，孩子們開口問問題才問到一半，我便知道他要問什麼；後來，我想老是被小朋友問，為什麼不能換我來問小朋友，這也就是每月一問：「我愛大自然信箱，有獎徵答活動」！沒想到這個活動竟然挖掘出不少傑出人才，像得過國際科展大獎、現任美國著名大學的教授于如岡博士；而在台大校園內，我也常碰到來修課的同學：「老師，我小時候曾參加您的有獎徵答活動！」而這也是當時開「我愛大自然信箱」所料想不到的邊際效應。

　　二十八年過去了，中華日報營運重點集中在南部，沒想到當年「中華副刊」主編，也就是九歌文化事業群的大家長蔡文甫先生有一天突然來電，邀請我是不是把這個曾經得「金鼎獎」的「為什麼」系列童書重新修訂出版；剛好今年我正逢教授休假期間，在九歌總編輯陳素芳小姐及何靜婷小姐的協助下，「為什麼叢書」終於以新的面貌「重出江湖」，希望這系列孩子們的為什麼叢書能再度引起關心孩子教育朋友們的共鳴，也期待大家不吝指教。

楊平世　2007年7月
於台大農學院

Part2 喝ㄋㄟㄋㄟ長大的動物

Part3　魚兒魚兒水中游

Part4 我是隻小小鳥

Part5 一隻青蛙一張嘴

Part1

動物總動員

? 如何認識大自然？

 問：我是位很愛大自然的學生，可是不知如何認識大自然，也不知如何保護大自然，您能指點嗎？

答：「大自然」這個名詞相當廣泛，舉凡動物、植物、礦物、天文……等都涵蓋在內；所以想要全面認識實在不太可能；因此，建議你不如就在家裡或學校附近，多觀察各種花草、植物或蟲、魚、鳥、獸，多注意它們的特徵，然後閱讀一些相關性的書籍，一有不懂就記下來，找機會問師長或寫信到出版社問。然而，這種工作相當花工夫，一定要有耐性，並對某一類自然物特別鑽研，這樣也就能產生興趣了！有了興趣也就自然而然地會愛護它們。至於對其他自然物，應避免破壞，例如一些特殊的景觀、岩石，一定不能用硬物去敲擊；看到飛鳥，絕不可想辦法去抓牠；發現比較奇特的植物，也不要企圖拔回家種……等等。更不能用任何物質，例如垃圾、藥物……等污染了環境。這個問題中有些雖然是小事，但卻都是保護大自然應有的基本觀念，也就是說要把愛自然的心融入日常生活當中。

❓ 什麼叫做食物鏈？

 問：常聽過「食物鏈」這個名詞，能否麻煩舉個實例說明？

 答：我們就以人吃魚，魚吃蝦，蝦吃小水蟲做為實例吧；在這一連串吃與被吃的過程中，是呈一鏈狀的型式，因此我們叫這種現象為食物鏈。其實，除了這個例子之外，在自然界中，這種實例太多了！就以俗語說的：「螳螂捕蟬，黃雀在後」，「大魚吃小魚，小魚吃蝦米」，也都是闡述生物間食物鏈的關係。

❓ 動物成群生活有何意義？

 問：我常收看電視的「動物星球」，發現斑馬、鹿或羚羊常常成群生活，這有什麼意義嗎？

 答：斑馬、鹿或羚羊都是十分溫馴的草食性動物，在草原中牠們往往成群生活著；而成群生活除了可以增加雌、雄個體的交配機會之外，在牠們棲息或攝食的時候，如果其中一隻發現有敵物侵入，便能示警以引起同伴們的注意，甚至可以共抵外侮，可見這種群棲方式還有「守望相助」的意義。

❓ 其他的動物也會有連體嬰嗎？

 問：台灣發生好幾對連體嬰，除了人之外，其他動物是不是也有這種連體嬰？

答：你的聯想力真好！這幾年來，台灣曾發現過好幾對連體嬰，而且已手術成功，為醫學界開創了一個光榮的紀錄；而這種不正常的胚胎發育，也發現於其他的動物之中；所以，這並不是人類

的「專利」。不過，連體嬰的遭遇值得同情，我們要以正常的眼光來看待他們，使他們分割之後能像我們一樣求學、做事。

? 哪種動物最長壽？哪種動物最短命？

問：哪一種動物最長壽呢？還有，哪一種動物最短命？

答：應該說哪一「類」動物才對；據現有的記錄得知，龜類是所有動物中壽命最長的，正式的記錄是有頭象龜活了一百五十二歲，但牠如果不是死於車禍，可能活得更久。至於最短命的動物，雖有爭議，但大多數人是認為蜉蝣的成蟲，有些種類甚至只能活幾個小時而已！

❓ 哪些動物有保護色呢？

問：保護色有什麼功用呢？哪些動物有保護色呢？

答：顧名思義，保護色是動物藉以保護自己的體色；這種體色使牠們在棲息的時候，不易被敵物發現。一般，這類顏色大多和牠們生長的環境一樣或相互配合。至於有保護色的動物，幾乎每一類動物都有，其中以昆蟲類最多，也最為有名，像枯葉蝶、枯葉娥。

❓ 只吃肉的肉食動物為什麼不會營養不良？

問：一些肉食性的動物，如獅子、老虎⋯⋯等，牠們只吃肉而不吃其他東西，這樣為什麼不會營養不良呢？

答：肉食性動物雖然只吃肉類，但其他的養份，像微量的丙種維生素等，也可在獵物的肉類中發現；而牠們對於這類物質的需求並不大，因此不會發生營養不良的症狀。

❓ 在台灣，哪一類動物種類最多？

 問：在台灣，哪一類動物的種類最多？有多少種呢？

 答：猜猜看！是魚，還是鳥？

其實都不是！在台灣，昆蟲是所有動物中種類最多的一群；根據專家的統計，到一九五六年為止，已有一萬三千八百八十九種，目前已知種類大約有一萬八千種；可是據估計，可能還有三萬多至四萬多種，甚至有學者認為還有一、二十萬種待陸續發現。因此，對昆蟲有興趣的小朋友們，不妨加入「開發」昆蟲資源的行列，先學學採集和觀察昆蟲吧！

❓ 植食性動物如吃到毒草會不會死亡？

 問：在山中，有很多植食性動物，如果牠們吃了含毒的草，會不會死亡呢？

答：植食性動物如果吃到有毒的植物，當然也有中毒的可能；這必須看牠們吃的有毒植物究竟有多少量，是不是已達到牠們致死的量；還有，有些動物，體內含有解毒的酵素，也可能把有毒的物質分解，而不至於中毒，或使中毒現象緩和。

？ 有不是動物或植物的生物嗎？

問：生物老師說：「生物可分為動物和植物。」請問：世界上有沒有不是動物，也不是植物的生物？

答：雖然一般的生物學者把生物大概分成兩大類：動物及植物，可是仍有些種類無法被列入這個範圍中，像病毒（又名毒素）及菌質，都是會引起動、植物致病的生物，卻都不屬於植物或動物。

？ 有沒有不吃食物的動物？

問：世界上有沒有不吃食物的動物？牠們生長在什麼地方？能活多久？

答：食物是所有動物的能源，如果沒有食物，動物是無法發育、生長的；所以，每一種動物都必得吃東西才能存活，才能發育成長；如果缺乏食物，或食物不足，牠們可能會死亡，也可能會發育不良。不過，在昆蟲中，有些成蟲──例如蜉蝣，幾乎只吃些水分維持生命，然後在交配、產卵完後不久，也就香消玉殞了！

？ 現在的動物會不會演化？

問：現在的動物是不是不會演化？

答：誰說現在的動物不會演化呢？一般，動物的演化，往往要經過幾千年、幾萬年甚至幾十萬年、幾百萬年才看得出，正因如此，有許多人乃誤認為現在的動物不會演化；其實不然，現在存在的動物仍持續在演化。

❓ 動物媽媽如何辨認自己的寶寶？

問：動物媽媽怎樣辨認自己的寶寶呢？

答：動物媽媽可以藉視覺辨認寶寶，但最主要還是靠牠們之間的特殊氣味；例如豬、海豹、貓、狗⋯⋯等，都是利用這種法子來辨認自己的寶寶。即使同一種類的動物，也可以辨得出；所以兩隻豬媽媽各生一群小豬，如果有隻小豬不小心走錯了家，豬媽媽一嗅之下，發覺不是自己的寶寶，便會把牠驅逐出境。是不是很有趣？

❓ 動物會不會哭笑？

 問：我們人悲傷時會哭泣，高興時、快樂時會大笑；那麼動物會不會哭和笑呢？如果有，那到底是哪些動物呢？

 答：一般說來，動物並不會像人一樣在悲傷的時候哭泣，在高興時候大笑，但是牠們之間都有各自表露感情的方法；我們看到

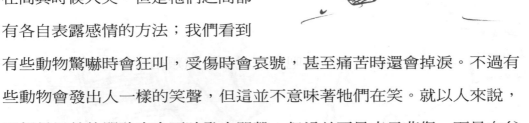

有些動物驚嚇時會狂叫，受傷時會哀號，甚至痛苦時還會掉淚。不過有些動物會發出人一樣的笑聲，但這並不意味著牠們在笑。就以人來說，三個月以前的嬰孩也會不時發出哭聲，但這並不是表示悲傷，而是向父母表達一種需要或「我的尿布濕了」、「我肚子餓了」而已。

❓ 真有小動物會被突來的驚嚇嚇死嗎？

 問：聽說有些動物一受到突來的驚嚇，往往會立刻嚇死，真有這回事嗎？

答：不錯，有許多小動物如果突然受到驚嚇，有時候會休克死亡；這類動物，例如台灣山中可以看到的鼯鼱，就是屬於這一類。

？ 十二生肖的動物吃些什麼呢？

問：十二生肖的各種動物，牠們各吃些什麼呢？

答：我們就一一談談吧！先說鼠，種類相當多，但牠們主食是穀物，不過有些種類也偏好昆蟲等小動物。牛，種類多，品種也多，但全都是吃植物類食物，例如青草及穀物等。而虎呢，全世界只有一種，但有八個亞種；這種猛獸是肉食性，以各種所能捕獲到的動物為食。兔，有野兔及家兔之分；牠們全都是吃植物性的食物，例如各種果蔬、野菜等。至於龍，這是「傳說」中的動物，不過以牠們的形象來說，和已絕滅的恐龍相近。恐龍的種類相當多，有專門吃植物性食物的，例如鰓龍、雷龍；也有專門吃動物性食物的，例如暴龍、鳥蜥龍。而蛇，全都是肉食性，以各種動物為食。馬，目前除了野生類，幾乎都

是馴養的，是植食性動物，以青草及各種穀類為生。羊，雖然有家羊及野生羊的分別，但食物全都是植物性的。至於猴類，全世界幾近兩百種，有偏食動物性食物的，例如眼鏡猴、狐猴；但也有偏愛植物性食物的，例如許多獼猴類；而也有許多種類都喜愛這兩類食物，例如狒狒。雞，有原雞及家雞之分，牠們以穀物為主食，但也常啄食小蟲、蚯蚓等小動物。狗，也有野犬及家犬之分，野犬類全都是肉食性；而家犬，由於人類的馴養，雖主食肉類，但也能吃飯、麵食類等植物性食品。至於最後一個生肖——豬，也是有家豬、野豬之分；家豬全都以植物性食物為主食，但飼主常會餵牠們動物性的食物，例如魚粉、魚肉等。而野豬類，也是主食植物性食物，但是如能捕獲小動物，牠們依然會以小動物打打牙祭。

❓ 白子的後代會正常嗎？

 問：經突變而產生的白子如能和正常個體交配；那麼產生的後代會是正常體色的嗎？這種後代算不算突變？

答：白子如能和正常個體交配，那麼下一代的個體一定都是正常體色的個體，這些個體是正常交配所造成的，不能算是突變。然而，儘管牠們都是正常體色個體，可是如果彼此自交，或再和白子交配，那麼下一代的個體中，一定有白子出現。所以，如果把台灣獼猴的白子和正常毛色的個體交配，那麼讓第一子代個體彼此雜交，或再和白子交配，也就會獲得白子了。

？ 動物有白子，是不是也有黑子？

問：動物有「白子」，是不是有黑子呢？還有，獅子和老虎的混血兒是什麼長相？

答：你的問題很有「創意」；而你所說的「黑子」是指黑化的個體。在動物界中，除了白子之外，黑化的個體也常出現過；例如，蛇、豹、鼠，甚至蜥蜴、蜘蛛……。至於獅子和老虎的混血兒，稱為獅虎，是一種像獅子又像老虎的雜交動物，牠們沒有生育的能力。

？ 人之外其他動物會不會蛀牙呢？

問：其他動物會不會蛀牙呢？牠們牙齒的數目和人類一不一樣呢？

答：凡是有牙齒的動物，都有蛀牙的可能，尤其是一些常吃含糖食物較多的動物，蛀牙機會更大。至於牠們的牙齒數目，除少數種類和人類近似之外，大多數種類都不一樣。

？ 其他動物會流汗嗎？

問：人會流汗，其他動物也會流汗嗎？

答：人的汗腺，幾乎遍佈全身，因此運動，差不多就會汗流浹背。可是，許多動物，牠們的汗腺並不一定遍布全身，以狗來說，是分布在舌上，因此一運動就張口吐舌；而貓的汗腺，分布在肉墊、口唇、面頰、乳頭周圍及肛門周圍，就是流汗了，也不容易發現。另外，動物園常見的河馬，一流汗，汗水紅紅的，比較容易看出。然

而，許多動物，由於具有體毛，即使流汗了，往往看不太出來。

❓ 人以外的動物是不是也有唾液腺？

 問：在上生物課時提到人有唾腺，可是卻沒提到其他動物——像雞、狗、貓……是不是也有唾腺？

 答：唾液腺在動物中十分普遍，不但人類具有這種腺體，雞、貓、狗也有，就是無脊椎動物中的昆蟲，也具有這種腺體呀！

❓ 其他動物也會患癌症？

 問：人會患癌症，其他動物是不是也會呢？

 答：由疾病動物的解剖發現，目前人類剋星——癌症，並不是人類的「專利」；許多高等動物，例如人猿類，貓、狗……等，也可能得上這種惡疾。而目前，科學家們經常利用小白鼠做為實驗，他們把一些致癌物質注入小白鼠的體內之後，往往能

發現供試的小白鼠會罹患癌症，然後藉著這類實驗，科學家們也就能逐漸揭開癌症之謎了！希望在不久，這種惡疾能被人類克制。

❓ 人以外的動物會不會放屁？

問：人會放屁，那麼其他動物是不是也會放屁呢？

答：臭屁是食物消化、發酵後的產物之一，其他動物當然也會放屁囉！不相信的話，你不妨到附近的豬舍站一會兒仔細「傾聽」一下，一定可發現豬也會放屁；至於牛、羊之類，也有這種現象。

❓ 動物睡覺的姿勢怎樣呢？

問：動物睡覺的姿勢怎樣呢？

答：動物的種類相當多，睡覺的姿勢也各異其趣；以金魚來說，牠們睡覺時是靜止不動，但由於沒有眼瞼，睡覺時眼睛仍

睜開，如不仔細觀察，還不容易看出。馬兒睡覺時，通常站著閉目養神；可是如果太累會躺下來休息。貓睡覺時姿勢更多，有的仰臥，有的側睡，有的趴在地上，真是道道地地的「懶」貓。至於人呢？姿勢更多，你不妨注意家人的睡姿，一定十分有趣！

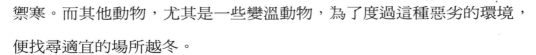

❓ 在台灣一到冬天有哪些動物有冬眠的習性呢？

問：在台灣一到冬天有哪些動物有冬眠的習性呢？牠們各自如何越冬呢？

答：雖然有很多人常說：「寶島四季如春」，可是每年一到冬天，氣溫總是要比往常降低很多；這時候，人們紛紛穿起厚厚的衣裳禦寒。而其他動物，尤其是一些變溫動物，為了度過這種惡劣的環境，便找尋適宜的場所越冬。

在台灣，有冬眠現象的動物——例如蛙類、蟾蜍類、蛇類、蜥蜴類、蝸牛類及許多昆蟲類。前五類在夏、秋天的時候到處覓食，把多量的養分貯藏起來，特別是脂肪；而在秋末冬初的時候，牠們就找一些安

全、隱秘的地方躲藏起來，不吃、不動，同時體內的代謝作用降到最低的限度；因此，不但呼吸次數、呼吸效率大減，就是體內的循環作用也變得十分緩慢。

　　而在這段期間，牠們所有的能源是依靠體內所貯藏的養分來供應；一直至第二年的春天才甦醒過來。而昆蟲類的越冬方式，有的是把卵期延長到翌年春天才孵化；有的是利用蛹期蟄伏土中，直到翌年春天才羽化為成蟲。不過，有些蝴蝶——例如紫斑蝶類，則成群棲息在溫暖避風的山谷之中，經常動也不動地停棲在樹林中。

　　蛙類的越冬場所是在池沼底下，或靠近水邊的土洞之內；蟾蜍類則蟄伏在土洞或瓦片、木頭罅縫。蛇類及蜥蜴類通常棲息在土洞中；至於蝸牛類則在殼口上分泌一層膜質保護身體；一般，牠們都躲在地洞或各種縫隙之間。除此，有些蝙蝠會成群攀在避風、暖和的岩洞內避寒；至於台灣黑熊，在酷冷的天氣裡雖然也會躲在洞中而不活動，但牠們沒有明顯的越冬現象。

? 為什麼有些動物要冬眠，候鳥要南飛？

問：請問為什麼動物要冬眠，候鳥要南飛呢？

答：動物為什麼要冬眠呢？說穿了，還不是為了適應惡劣的環境而衍生出一種自然現象。因為，在天寒的時候，有些動物由於覓食不易，移動能力又弱，也可能無法調節體溫，在這種情況下，牠們也就得衍生出冬眠的現象來保護自己，以免被大自然所淘汰。至於候鳥南飛的現象，至今依然困擾著許多科學家；不過，究其原因，不外逃避惡劣的環境，對食物的需求及牠們生理上的因素所成的。

❓ 動物為什麼要換毛？

問：動物為什麼要換毛？有哪些動物有換毛現象呢？

答：在哺乳類和鳥類的身上，常長有許多毛髮或羽毛，這些毛主功用是保護身體；而有些種類，毛色和環境相像，因此還具有隱匿的作用。然而，這些有毛的動物，毛髮或羽毛經常會脫落，而由新長出的毛髮、羽毛取代，這也就是俗稱的「換毛現象」。所以，如就意義而言，所有有毛的哺乳類或鳥類都有換毛的現象。

然而，較明顯的是隨季節性的變化而換毛的動物；而其中又以大多

數的鳥類及生活在溫帶地區的哺乳類動物較為明顯。以生長在溫帶地區的狐、貂、野兔、松雞來說，在夏天時牠們的毛色通常呈褐色系統，和環境相近；但是到了秋天，牠們開始換毛，而所長出的毛則是白色，和所生活環境的雪景十分相近，具有良好的隱匿的效果。

　　而有些動物，例如「落磯山山羊」，一入秋後，身上的短毛會逐漸脫落，不久新毛長出，換上一身密密的長毛，使牠們能在寒冷的氣溫下保溫；然而，一到夏天時，長毛則又逐漸脫落，並長出短短的毛，以適應夏天較高的溫度。由此可知，換毛不但是動物本身的一種新陳代謝，又是長期以來適應環境的方式。

　　在我們的日常生活中，許多家禽、家畜、鹿類、野豬………等，也都有明顯的換毛現象。

? 生物為什麼會進化？

 問：為什麼生物會進化呢？

 答：生物所處的環境，並不是一成不變的，所以如環境中發生劇烈的變化時，許多生物常因無法適應而遭淘汰，因此為了適應環境，牠們會在形態、習性上作適當的變化，如此牠們也就能漸漸地存活下來。所以，生物之所以進化，主要是為了適應環境的緣故。進化學先驅達爾文曾說：「適者生存，不適者淘汰。」因此為了生存，生物便得在形態、習性等方面徐徐進化。

? 有哪些動物是雌雄同體的？

 問：蝸牛是雌雄同體嗎？

 答：所謂雌雄同體就是同一種動物的個體，同時具有能發生功能或作用的

雌雄性器官；在動物界中，有這種奇特的現象的，除了蝸牛之外，還有屬於扁形動物門的渦蟲；屬於環節動物門的蚯蚓，屬於棘皮動物門的海百合、海星、海膽及許多屬於圓形動物門的吸蟲類。

❓ 老虎、獅子、鴕鳥如何分辨雌雄？

問：我在動物園裡看到老虎、獅子、鴕鳥，都很喜歡，但怎麼分別雌雄呢？

答：老虎、獅子的雌、雄除了可由生殖器部分鑑別之外，外型上最大顯著不同的地方是老虎的雄者頭大頸粗，兩頰並長滿密密長長的頰毛；而雌虎頭小頸細，雖然也有頰毛，但較稀疏。至於獅子的雌、雄，更好區分；雄獅的肩上、頭下、胸前和前腳上都長滿密密的毛，而位於肩上、頸下和胸前的長毛也就是所謂的鬃毛；可是雌獅卻沒有這些特點，因此甚易區別。另外，這兩種動物的雄者，在體型、體重上要比雌者為大。

而鴕鳥，是一種原產於非洲的巨型鳥類，也是現存鳥類中體型最大的；不過，牠們不會飛翔，雄鴕鳥的羽毛除尾羽呈白色之外，全身羽毛

幾乎呈藍黑色；可是雌鴕鳥的羽毛是呈褐色；同時雌鳥的體型也比雄鳥為小。

❓ 動物的屍體可當肥料？

問：老師說動物死後埋在地下會被細菌分解，而養分會被植物吸收而生長、茁壯，果真有這回事兒？

答：動物的屍體被埋進土裡之後，除了會被細菌及許多微生物分解之外，有些腐生性的昆蟲，例如埋葬蟲也會協助分解；而分解成的微小粒子，全都是養分含量相當高的物質，含氮、磷、鉀等重要肥料元素。這些物質如能被植物吸收，植物便能成長、茁壯。所以，動物的屍體確可當做肥料。

❓ 世界上最早的動物園何時成立？

問：世界上最早的動物園是在什麼時候成立的？

答：世界上最早成立的動物園究竟何時創設，實在很難考證；不過由記載得知，中國在商朝時，也就是西元前一一五○年左右，就在當時首都——殷城建立一個相當規模的動物園，但只供皇帝及貴族欣賞；但有人認為早在新石器時代，當時的人們已懂得狩獵和飼養動物。而真正具有規模的動物園是一七五二年神聖羅馬皇帝在奧國維也納為皇后瑪麗亞建造的。至於第一個開放給一般民眾欣賞的動物園是在一七九三年成立於法國巴黎。

❓ 為什麼運動前要做準備操？

問：每次運動之前，為什麼要做準備操呢？不做又會怎麼樣呢？

答：準備操能使全身各部分的關節及肌肉鬆弛，這樣在作劇烈運動時肌肉就可減少拉傷的機會，而筋或關節也較不易扭傷。

? 熬夜喝咖啡、濃茶真的有效？

問：請問夜晚熬夜如喝咖啡或濃茶，真的有效？

答：熬夜的人，經常喜歡喝咖啡或濃茶來提神，這在科學上是有根據的。因為咖啡中含有咖啡因，而濃茶中也含大量的茶鹼；這兩種物質，都能刺激神經，促進血液循環，能減輕疲勞，確有提神的作用。可是，如果喝多了，會過度刺激神經，也會使人的體力透支，這樣反而對人的身體有害。所以，如偶爾喝喝無妨，一旦喝成了癮，那麼對身體反而是有害無益的。

? 世界上智商最高是多少呢？

問：世界上智商最高的究竟有多高呢？

答：智商通常是被用來表示人的聰明程度；依照寶曼的智商指數可知，當一個人的智商指數為一五〇時，也就是俗稱「天

才」的標準；如超過兩百以上，可以說鳳毛麟角了！然而，據金氏百科全書的記載，全世界智商最高的人是一九六三年三月七日出生在韓國的金智榮，他的智商高達二一○；在四歲八個月大時便能說韓、日、德、英四種語言，也會作詩，也懂微積分，的確是奇才。其實，國人如羅傑、于如岡，還有好幾位諾貝爾獎得主，又何嘗不是？不過，智商並不代表一個人以後的成就，如智商高而不知愛惜求上進，又奈何？反之，如果一個人的智商雖不算高，但只要能努力用功，求上進，又懂得謙虛，還是會有所成就的。

❓ 為什麼會流汗？

問：我喜歡運動，可是每次打完球後都汗流浹背，為什麼會這樣呢？

答：人的皮膚密佈微血管及汗腺，打球後，由於劇烈運動的關係，微血管會受熱而膨脹，而體內的營養物質，在這時候會進行一連串的生化反應並產生熱量。當血液中的熱量來不及散發時，汗腺會從血液中吸收水分，並把水分排出皮膚外。這些水蒸氣一遇外界的空

氣，會慢慢在皮膚上形成水珠，而這也就是所謂的「汗」。

由於汗的形成須從周圍中吸熱，因此在吸熱時便能降低體溫維持在攝氏三十七度左右；可見運動後的汗流浹背也是人體維持體溫恆定的一種自衛措施。其實，不光是運動會造成汗流浹背的現象，在天氣熱時，或我們站在火爐旁邊時，也都會產生這種現象。

汗的成分，主要是水分；但其中還含有鹽分。因此，只要淺嘗汗水，我們便會覺得鹹鹹的。當大量流汗之後，人體內所含的鹽分會急遽流失。而血中或淋巴中的鹽分降低時，一切新陳代謝的作用便會因而減緩；不久可能會出現臉色蒼白，呼吸急促或四肢痙攣的現象。所以，如能在開水中加些鹽，也就能預防這種症狀發生了！

？ 愛吃糖果的小孩容易蛀牙？

問：奶奶説：「愛吃糖果的小孩容易蛀牙。」奶奶的話可有道理？為什麼？

答：「蛀牙」，也就是齲齒；齲齒的主要原因一是不注意口腔及牙齒衛生，一是營養不均衡，尤其是能保護牙齒的礦物質攝

取不均衡，便容易發生蛀牙。

我們牙齒的表面具有一層堅硬的琺瑯質，琺瑯質的內部是象牙質，再內部為齒髓、神經及血管。而蛀牙是由於琺瑯質脫鈣所造成的。當我們吃了糖果或含糖多的食物之後，如未刷牙、漱口，那麼由於口腔中唾液及細菌的分解，會把這些含糖的食物分解成乳酸、酒石酸或乳脂酸。這些物質會引起琺瑯質產生脫鈣現象，並破壞象牙質。這時候，細菌又侵入，把牙齒蛀成小洞，同時引起發炎的現象，如果嚴重，會造成疼痛、腫大，使患者不勝痛苦。

所以，如果吃過這類食物之後，一定要刷牙、漱口，以減少含糖食物殘留口腔、齒縫的機會。因此，如果大、小朋友喜歡吃糖而不注意口腔、牙齒衛生，或平常少攝食含鈣的物質，也就容易蛀牙了！希望喜歡吃糖的小朋友特別注意！

❓問：熟睡時為什麼會流口水呢？

問：請問人在熟睡時，為什麼常會流口水呢？

答：俗稱的口水，也就是唾液，主要的功用是滑潤作用；在白天時，唾液不斷分泌，因此我們常在不知不覺中把它們嚥進肚內。而在我們睡覺時，尤其是熟睡的時候，雖然唾液的分泌較少，但是仍會分泌；然而這時候，我們的神經及肌肉都鬆懈下來，於是陸續把口水嚥進肚中的作用可能就因而暫時停止，在這種情形下，如果嘴巴沒閉攏，口水自然就會流出來了。

? 肚臍對人體有什麼用處？

問：肚臍對人體什麼用處呢？上面的污垢真的不能清洗嗎？

答：在女人懷孕的時候，胎兒在子宮中是利用臍帶從母體中獲得各種養分；然而在胎兒出生之後，體內的臍管逐漸萎縮而失去功用，至於臍帶在嬰兒出生的一、兩週內就會脫落，只剩下肚臍，由於肚臍凹陷部分常有污垢黏附其中，這些污垢是可以清洗的；不過，這一部分不能過度刺激，因此在清洗時應輕點兒力拭洗，以免引起局部性的發炎。

羊水是什麼？

 問：生物課本中有「羊水」一詞，請問「羊水」是什麼？它是怎麼來的？

答：在動物的胚胎上，有一個羊膜腔，腔中含有許多清潔水狀的液體，這些液體是由胚胎的皮膚、羊膜組織所分泌的，也就是羊水。羊水能保護胎兒免遭碰撞、摩擦；而在胎兒要生下時，羊膜腔會發生破裂，並溢出羊水。

為什麼打呵欠時總聽不清楚別人說的話？

我們在打呵欠時，耳朵總聽不清楚別人說的話呢？

 答：原本在我們中耳腔和咽頭之間有一條耳咽管，這條耳咽管的功能是保持中耳腔的壓力平衡；當我們打呵欠的時候，這條耳咽管會暫時關閉，結果會使聽力大減。因此，當我們打呵欠時，也就會聽不清別人說的話，沒想到這種小小的生理現象，也會這麼有「學

問」吧！

? 疲倦的時候為什麼會打呵欠？

問：為什麼人想睡時會直打呵欠？

答：疲倦時猛打呵欠，這是常見的生理現象之一；人類活動的時候會消耗很多的能量，而吸進的氧氣會經氧化而形成二氧化碳呼出。當二氧化碳形成太多，而氧氣之吸入量則由於肺的容量有限，會失去平衡，而使人產生疲倦的感覺；這時候便會出現打呵欠的現象，以吸進更多的空氣，補充氧氣的不足。而如果體內蓄積的二氧化碳更多，打呵欠的次數也就會更多，所以這是一種身體自我保護的徵兆；當然，在這種情況下，最好的方式是多休息，以免過分勞累。

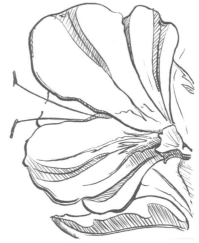

? 為什麼會打嗝？

問：為什麼會打嗝呢？

答：打嗝也就是橫膈膜的間歇痙攣現象，這種現象之所以產生可能是由於用餐時因大笑或講太多話，或突然作深吸呼，吸進太多氣體而造成的。

　　但另一原因是由於疾病，例如患了胃炎及其他消化性障礙，甚至酒精中毒、腹膜炎、腦炎、尿毒症等因素所引起的。如果是前者，通常只要作深呼吸或吸氣後停止呼吸，使腹部緊縮屏氣，多作幾次就行了；也可喝喝冰水試試。但如是後者，就要延醫診治，例如注射使橫膈膜神經麻醉的藥物。

? 耳朵是怎麼「聽」的？

問：耳朵是怎麼「聽」的？原理如何？

答：就以人耳來說，可分外耳、中耳及內耳；外耳凸出的耳輪，稱為耳廓或耳翼；它們能收集來自四面八方的音波，然後經由鼓膜，傳向中耳。

中耳是一具有鎚骨、砧骨及鐙骨等三塊聽覺骨的小腔；當音波由鼓膜進入這小腔之後，會繼續進入內耳。內耳是一充滿液體的耳蝸（如蝸牛的形狀），上有許多聽覺細胞，音波傳入後，會引起神經衝動，而把訊息導入大腦的聽覺中樞；這樣，我們也就能「聽」到傳來的聲音了。

? 耳大能動聽力較好？

問：耳朵大而且能動，聽力是不是比較好？

答：通常人的耳廓是不會活動的，但是兔寶寶、非洲象及許多家畜或野生哺乳類動物則不然，牠們的耳廓大多能活動，所以收集音的效率更高。尤其是兔寶寶、非洲象及長耳狐等動物，耳廓奇大，所以也就「聽」得更清楚了。

不過，以非洲象來說，大耳朵除了能聽得更清楚之外，扇子般的大

耳翼還有協助散熱的作用。至於兔寶寶由於本身無任何自衛的武器，所以只能以更靈敏的聽覺警惕自己，然後趁天敵還沒抵達之前逃之夭夭。

生活在動物群中的小孩會聽懂動物的語言嗎？

 問：如果一個小孩出生時就生活在其他動物群中，那麼他長大時，會聽懂他們的語言嗎？

答：如果那個孩子真能長大，同時智力正常的話，我想他不但能聽懂他們間的語言，也很可能會利用那些動物的方式相互傳訊，只是在我們看來如真有這種事發生，的確太悲慘了！其實，有很多研究動物行為的學者，也能從動物的表情中，學到他們的「語言」，而且還能利用這些表情和語言，和他們溝通呢！

為什麼男人長大後會長鬍子？

問：為什麼男人長大後會長鬍子而女人卻不會？

答：這是成長中的男生最「愛」問的問題之一；為什麼呢？當男人在青春期時，體內會產生大量的男性荷爾蒙；這種物質，會刺激口腔周圍的體毛迅速發育，因此長出所謂的鬍子。然而，女人就不會長鬍子嗎？不是的，女人還是會長鬍子；不過，由於青春期時女人體內的男性荷爾蒙含量很少，因此也就不會長鬍子了，不過由於女性荷爾蒙含量多，這時候會促使乳房變大，產生第二性徵。

問：有一次我等人，站得腳有點兒發麻，怎麼會這樣呢？

答：我們的身體，密布血管；當我們站立太久的時候，腳部的靜脈血回流不良，結果會使神經細胞的氧氣供應產生不足，於是會使人產生麻木的感覺。而當我們坐了太久，或睡姿不良，使某一部分的肌肉受到壓迫，或是以橡皮筋縛住手指太久，也都會產生這種現象。不過，只要改變一下姿勢，或多休息，這種現象也就消失。

指甲是肉長出來的還是骨骼發育出來的？

 問：人類的指甲是由肉長出來的，還是由骨骼發育出來的呢？

答：為什麼剪指甲不會痛？人的指甲是衍生自表皮層；表皮在形成以後，可分成外層的周皮及內層的生長層。生長層的細胞，增殖力強，而所產生的細胞，會形成中間層。這種中間層的外層部分如果角質化，也就會形成指甲了！所以，指甲是皮膚表皮層的衍生物。它們的成分是蛋白質；也就是由含有許多角蛋白的表細胞所形成的。然而，由於它們是死細胞，所以在剪指甲時也就不會有疼痛的感覺了！不過，在修剪指甲時，如不慎傷到真細胞，依然會十分疼痛。

? 為什麼綠色的東西對眼睛有益呢？

 問：常聽人家說綠色的東西對眼睛有益，為什麼呢？

答：不同的顏色，往往會給人不同的感覺，而各種不同顏色，對光線的吸收和反射，也各異其趣；以紅色來說，對光線的反射量是百分之六十七；因此會令人覺得十分耀眼，對眼睛容易造成倦怠；而綠色對光線的反射量是百分之四十七，人眼的視網膜比較能適應，而使人有平和安適的感覺。在自然界中，綠色的植物除了能減少強光對眼睛造成刺激外，還能吸收會傷及眼睛的紫外線，因此休息時如能遠眺綠樹，不但對眼睛有益，也會使人心曠神怡。而這就是綠色的東西對眼睛有益的原因。

❓ 前額是不是比其他部位熱？

問：我發燒時，爸媽常用手摸我的前額；是不是前額比其他地方熱？

答：許多有經驗的醫生在未量體溫前已較少以摸額頭來感覺有沒有發燒，而是撫摸手、腳或身體，因為額頭和空氣接觸較多，較不準確；只是摸前額比較方便，因此仍有不少人利用這種方法來感覺體溫。其實，最好的方式還是利用體溫計最準確；「人無百日

好」，最好家家都能準備體溫計，以備急用。

問：為什麼人的皮膚被捏了之後，會呈現出青青的一塊呢？

答：在人類的皮膚下，密布無數的微血管；當皮膚受重擊或被用手捏了之後，微血管會發生破裂，結果血管中的血會流出，於是從表皮上看，也就會青一塊、紫一塊的，而這也就是俗稱的「烏青」；一旦皮膚「烏青」，往往得過幾天才會消失。

問：驗血時常從耳朵抽血，難道從其他地方不行嗎？

答：其實檢驗血時並不一定要從耳朵抽血，從身體其他部位也同樣可以；只是，耳朵部位的痛覺比較小，所以在驗血時經常

是從這個部位抽出血液。其實在醫院抽血檢驗一般都是從手臂的血管。

❓ 人的肥肉屬於哪種肉？

問：人的肌肉有幾種？肥肉是屬於哪一種呢？

答：人的肌肉可分成三種型式，那就是平滑肌、橫紋肌及心肌。然而俗稱的肥肉雖有「肉」名，但卻不是真正的肌肉，而是脂肪，所以並不屬於上述三種肌肉中的任何一種，以人體來說，胃腸的肌肉是平滑肌；而附著骨骼上的肌肉是橫紋肌；至於心肌是構成心臟的肌肉。

❓ 狐臭是怎麼產生的？該怎麼辦？

問：狐臭是怎麼產生的？該怎麼去除？

答：俗稱的狐臭是由腋下的亞波克林腺所分泌出的一種液體；這種液體如經皮膚表面的細菌分解，便會發出一種「怪」味道。不論男生或女生，多多少少會帶有這種怪味；尤其是發育中的男女最為明顯。然而，如怕有此困擾，最好的根除方法是請合格的醫師以手術方式切除。而如果只為了防止怪味外溢，除常清洗之外，不妨塗百分之十的蟻醛酒粉、抗生劑軟膏或求助藥房的藥師推薦合格的除臭劑。

? 為什麼會有耳垢、鼻屑和眼屎呢？

問：為什麼人會有耳垢、鼻屑和眼屎呢？

答：耳垢是存積在耳朵中的髒東西；這種東西通常是由外耳道中的皮膚脫落、外耳道內的汗水及皮脂腺、耳垢腺的分泌物和進入耳道中的灰塵所形成的。據調查得知，東方人的耳垢十之八、九都是黃白色，為乾耳垢；而約十分之一、二的人由於汗多，分泌物多，耳垢為濕濕的，呈黃褐色，也就是軟耳垢。至於西方人，通常和東方人相反，以軟耳垢的人為多。至於鼻屑，是鼻黏膜的分泌物和進入鼻腔中的

灰塵所形成的，也是鼻腔中的髒東西；眼屎是淚腺分泌物和灰塵所形成的；不過，在遭到眼疾時，病原菌也可能混雜其中。

? 為什麼排泄出來的糞便總是臭臭的？

問：我們吃下的食物有很多是香香的，為什麼排泄出來的糞便總是臭臭的？

答：當食物進入人體之後，經胃、腸的消化之後，能被身體所利用的物質會被吸收，而無法吸收、利用的便會被排出體外。這些物質，在進入大腸之後，大腸內的細菌會把它們分解；而在分解時，物質會因而發酵、腐化而產生難聞的臭味。所以，被排出的糞便，總是臭臭的了。

? 為什麼打噴嚏的一剎那眼睛會閉起來？

問：為什麼我們打噴嚏那一剎那，眼睛會閉起來呢？

答：傷風、感冒，或鼻子聞到刺激性的味道時，我們常會打噴嚏；而人在打噴嚏時，面部的肌肉，尤其是鼻子附近和口腔周圍部分的肌肉會作強烈的收縮作用；這時候，眼眶會因受到擠壓，於是眼睛會在剎那間瞇著，甚至閉合起來；但打過噴嚏之後，一切又恢復正常了。所以，打噴嚏時眼睛會閉起來，是由於面部肌肉激烈收縮所造成的。

❓ 抽筋是怎麼產生的？

問：我們常聽到肌肉抽筋一詞；請問為什麼會引起抽筋？

答：一般的抽筋大多是由於肌肉過度疲乏，其中的肌酸增加，電解質失去平衡所引起；所以，只要好好休息，不久也就能恢復了。但是，有時候如感染疾病或藥物中毒、神經中毒，也可能引起持續性的抽筋現象；這時候就非得找醫師診治不可。夏天游泳時，如游得太久，肌肉過度疲乏，或水溫變化太大，也可能引起這種現象；這種情形下十分危險，所以大家應加注意，也別游得太久、太累。

❓ 為什麼洗頭時老掉頭髮？

問：這一年來，我每次洗頭，總掉了許多頭髮；請問這究竟要不要緊呢？

答：一般，頭髮的壽命大約三個月左右；也就是說長出的頭髮約三個月左右便會新陳代謝，而每一個人每天大約會掉落三十至五十根頭髮，尤其是洗頭時，如使力太大或梳洗方式不對，掉落的頭髮也就更多了！不過，別擔心，大部分人，頭髮掉落時便會再生。可是，如果頭髮掉落實在太多，甚至只掉不生，那麼應趁早看醫生，以找出病因。

❓ 為什麼剛出生的嬰兒會哇哇大哭？

問：為什麼嬰兒剛從娘胎出生時會哇哇大哭呢？

答：幾乎每一個嬰兒在出生的時候都會哇哇大哭，這是因為胎兒在母體內，不管是氧氣的輸送，或養分的輸送，全都是由臍

帶傳到胎兒的體內。而胎兒廢物的排泄，也是經由這一管道。可是，在嬰兒出生之後，呼吸、排泄及養分的攝取，都必須由嬰兒自個擔負；以呼吸來說，嬰兒在吸氣之後，由於肌肉鬆弛會使胸腔中的氣體排出。而這些氣體由氣管經喉嚨排出時，會引起聲帶發生震動，並引起「哭」聲。所以，嬰兒出生時之所以號啕大哭，是由於呼吸作用所致，並不是受委屈，也不是傷心的緣故；有趣的是，這時候的號哭，並沒有眼淚溢出。

❓ 牙齒的成分是什麼？

問：牙齒是人類吃東西的工具，請問它們的成分是什麼呢？人類共有幾顆牙齒？

答：牙齒的表面含有一層堅硬的琺瑯質，這層是人體組織中最硬的部分；至於其他成分是百分之九十的無機鹽類、氟化鈣及磷酸鈣的結晶。另外，還含有鎂鹽、碳酸鹽類及少量的蛋白纖維。至於人類的牙齒，在成年人時，共有三十二顆。

睫毛剪掉會再長？

問：班上一位同學聽人家說睫毛剪掉會再長，於是拿自己做實驗，結果果真這樣，而且長出的睫毛比原來的還要長、捲，請問為什麼呢？

答：剪掉睫毛，如不是連毛拔掉的話，仍會繼續生長，這種情形就如同我們剪頭髮的原理一樣，剪短了仍會長出來；至於是不是比原來的長、捲，實在很難答覆。不過，拿自己的身體做實驗，我不贊成，以剪睫毛來說，如果有人聽錯了用「拔」的，那麼睫毛會都沒了，怎麼辦？

哪一種血型最多？

問：血型可分成哪幾種？哪一種最多？哪一種最少？

答：人的血型共有四種，那就是A、B、O及AB四型；至於這四型中，以O型的人佔最多。根據捐血中心最新的資料顯示，

台灣地區捐血的人中，O型佔百分之四十一，A型佔百分之二十七，B型佔百分之二十五；而以AB型的人最少，只佔百分之七；你是哪一種血型呢？

Part2

喝ㄋㄋ長大的動物

❓ 哺乳動物以哪一種壽命最長？

問：世界上的哺乳類動物中，以哪一種的壽命最長？

答：在所有的哺乳類動物中，壽命最長的是我們這群有「萬物之靈」雅稱的人類；雖然非正式的記錄中有人表示曾活到一百三十多歲，甚至一百六十多歲的高壽，但據二〇〇五年版金氏世界紀錄百科全書的記載，最長壽的紀錄是一位法國女士，壽命為一百二十二歲零一百六十四天。而僅次於人的長壽哺乳動物，據稱是生活在海中的藍鯨及鬚鯨，高壽約一百歲左右。至於陸地上的動物，以象又次之，曾有頭母象，活了七十八歲。

❓ 世界上最小的哺乳類動物是什麼？

問：世界上最大的動物是藍鯨；請問：最小的哺乳類動物是什麼？

答：世界上現存的動物中，陸地上最大的是非洲象；海中是藍鯨；而藍鯨又遠比非洲象為大，所以最大的動物的確是藍鯨。至於最小的哺乳類動物，是一種生活在北地中海沿岸及南非向普洛文斯角的沙雄齒小地鼠；牠們長成之後，體長只有三點三至五點二公分，尾長為二點四至一二點九公分，「嬌」小無比。而海中的哺乳類以生活在加州到阿拉斯加一帶和白令海海域的海獺，長成後體長為一點二至一點七公尺，重量為二十五至三十七公斤。

? 可有下蛋的哺乳類動物？

問：世界上有沒有會下蛋的哺乳類動物？

答：雞、鴨各種野鳥，都是以下蛋的方式來繁衍後代；除此，許多爬蟲類、兩棲類，甚至大多數的昆蟲，也都是利用這種方法來延續下一代。然而，哺乳類動物是不是也有會下蛋的種類呢？有的，不過在現存的種類中只有兩種會下蛋，那就是只產在澳洲及塔斯馬尼亞（也屬於澳洲）的鴨嘴獸及針鼴；前者有對鴨子般的扁喙，生活在

河中；後者也有尖形的口喙，全身長有披針狀的長毛。可惜，在台灣，我們還看不到這兩種動物的活體。

❓ 台灣可有野生動物保護區？有何奇特的動物？

問：台灣有沒有野生動物保護區?有沒有比較特別新奇或稀有的動物？

答：現在台灣有十七處野生動物保護區；例如宜蘭蘭陽溪口水鳥保護區、澎湖縣望安島綠蠵龜保護區、台中縣武陵櫻花鉤吻鮭保護區、台南縣曾文溪口黑面琵鷺保護區、高雄縣三民鄉楠梓仙溪魚類保護區等；可是令人遺憾的是，由於有些國人不太守法，仍有一些不肖之徒在這些區中偷獵野生動物，的確應檢討。台灣有很多珍稀的野生動物，例如台灣長鬃山羊、台灣黑熊、雲豹、水鹿………等；不過數量並不多，所以我們應多注意並全面保護，以言語、行動提出呼籲，並切實執行野生動物保育法。

❓ 台灣有多少種老鼠？牠們如何吃東西？有何害處？

問：請問台灣有多少種老鼠呢？牠們如何吃東西？有何害處？

答：寶島產的老鼠——也就是鼠科動物，根據台灣哺乳動物圖鑑介紹，台灣產的鼠科動物共有十三種，其中分布在平地的有月鼠、小黃腹鼠、家鼠、赤背條鼠、褐鼠、鬼鼠及家鼠；而生活在山區的有刺鼠、台灣田鼠、高山白腹鼠、台灣天鵝絨鼠、巢鼠及台灣森鼠。

曾觀察過鼠類的「吃相」嗎？這類齧齒類動物通常是以前腳捧著食物吃；牠們的門牙相當發達，也經常不斷地生長，所以如不咬東西磨磨牙的話，那麼牠們也就無法使用了；而這也是牠們常「咬」東西的原因。

「咬」、「吃」都是直接造成糧食、家具、衣物、器材的損失；根據估計，每年每隻老鼠對農作物所造成的損失，約新台幣一百四十元左右。而台灣產的野鼠，據一九八一年台灣省農林廳的估計，約一千四百二十萬隻，所造成的損失，可想而知！不過，經防治後，已降為兩百三十萬隻左右。鼠輩的間接為害是污染食物及病原媒介；據研究得知，牠們不但是傷寒等二十餘種病原的媒介，還是黑死病的罪魁禍首！在中世紀時，寄生鼠類的鼠蚤所引起的「鼠疫」——黑死病，曾使四分之一的歐洲人死亡呢！

不過，鼠類中的小白鼠、大白鼠，對於人類的貢獻相當大；這些人工馴養的試驗用動物，對遺傳學、醫學、藥理學的發展，幫助甚多。

❓ 松鼠、土撥鼠及老鼠是同類嗎？

問：松鼠、土撥鼠和我們平常常見的老鼠都是有「鼠」字的動物；請問，牠們是同一類嗎？台灣有沒有土撥鼠呢？

答：松鼠、土撥鼠及老鼠都是大家所熟悉的動物；牠們都是囓齒動物中的成員，不過卻隸屬於不同的科中。松鼠是松鼠科，鼯鼠屬於鼯鼠科，而老鼠這個名字在分類學上可能是鼠科，也可能是尖鼠科、鼯鼠科，因為有很多人把錢鼠（尖鼠科）、鼯鼠，也都稱為老鼠。在台灣，並沒有土撥鼠生活著；不過，台北市立動物園已引進飼養，供人參觀。

小白鼠多久生產一次？

 問：我養了一對小白鼠，想知道牠們多久生產一次？每胎可生
幾隻？

答：小白鼠是一種常見的馴養動物；不但許多研究單位飼養牠
們作各種試驗，由於性情馴良，也常被當成小寵物。這種全身
雪白的小動物在長到一個半月大時就有生育能力；母鼠的懷孕期約二十
天，每胎隻數為五、六隻，可算是多產的「小」媽媽。因此，據估計一
隻母鼠每年通常可產五、六胎。所以，如果小朋友們想飼養，可別養太
多，只要養一對，就夠你忙了。

天竺鼠可以吃胡蘿蔔嗎？

 問：天竺鼠可以吃胡蘿蔔嗎？

答：天竺鼠是一種既像兔子，又像老鼠的家庭寵物，十分可
愛！這種來自南美洲的小動物由於已被我們人類馴養；因此，

不管是胡蘿蔔，還是馬鈴薯、甘藷、各種蔬菜、水果，牠們幾乎都會「照單全收」；所以，這是一種極易「伺候」的小寵物，對小動物有興趣的大、小朋友，不妨養對把玩，也可怡情養性，但要煩惱的是牠們的生育能力太強了。

？ 豬和老鼠是不是也和人一樣會換牙？

 問：人會換牙，豬和老鼠會不會換牙呢？

 答：換牙並不是人類特有的生理現象；通常，哺乳類動物都具有這種現象，所以豬及老鼠都會換牙。以豬為例，牠們的臼齒大約在五至十五個月內即會換新；同時每顆牙齒之更換時間都不一樣。

？ 錢鼠是蝙蝠變的嗎？

 問：最近我家每到晚上，都有一種尖嘴巴的錢鼠出來覓食，牠們是不是家鼠的一種？聽媽媽說牠們是蝙蝠變的，真的嗎？

答：錢鼠又名香鼠或臭鼠，那是因為牠們會從肛門腺放出一種怪味道的緣故；這種動物並不是鼠科中的家鼠，而是尖鼠科中的一種；雖然和蝙蝠一樣同屬於哺乳類動物，但並不是由蝙蝠變來的。只是牠們有共同的遠祖。

牛怎樣消化食物？

問：牛是一種反芻類動物，請問當牛吃了食物以後，怎麼消化掉的呢？除了牛之外，還有哪些動物有反芻現象？

答：牛是一種植食性的動物，體重在450至1000多公斤間；因種類及品種而異。一般，概分為野牛及畜牛兩類。

全世界現存的野牛有十餘種，例如中國產的犛牛、非洲水牛、歐洲野牛及美洲野牛等。至於畜牛，品種相當多，如依用途，可分為乳用牛、肉用牛、乳肉兩用牛及役用牛等。乳用牛體型小，頭部狹長，頸子長，乳腺特別發達，有些個體每天能泌乳二〇公斤。肉用牛體型龐大，略呈方形，四肢短小；發育快，肉質好且多。乳肉兩用牛兼具上兩種牛的特點。而役用牛，體型粗壯，四肢長而有力，能耐熱、刻苦耐勞，十

分馴良。至於野牛類，分布最高的是「高原之舟」犛牛，分布最北的是能生活在冰天雪地之中的麝牛。

　　牛的雄性，通常長有永久性的角，角中空，是由頭蓋骨的骨質長成的，因此不會脫落；牠們的鼻端，俗稱鼻鏡，上有紋路，宛如人類指紋，可用以區別牛隻；如果鼻鏡乾燥，可能牛已感染疾病，如鼻鏡潮濕，代表牛隻健康。

　　這類動物，有四個胃，那就是瘤胃（第一胃）、蜂巢胃（第二胃）、重瓣胃（第三胃）及皺胃（第四胃）。當食物進入口中之後，經牙齒粗略咀嚼，就吞進瘤胃中；瘤胃體積龐大，能使食物軟化。而蜂巢胃，狀如蜂巢，一些穀粒等食物會經瘤胃而進入；稍分解後，就被送回口中，繼續咀嚼。

　　而經口繼續咀嚼之後。食物會再吞進瘤胃中繼續分解，然後再經蜂巢胃、重瓣胃、皺胃，消化、吸收，再進入腸中；而這也就是反芻的過程。

　　除了牛之外，反芻類動物，種類相當多；在偶啼類動物中，除了野豬科、豬科及河馬科之外，像其他牛科動物——羚羊、山羊、綿羊、瞪羊及長頸鹿科、叉角羚羊科、駱駝科、鹿科……等等，都有反芻現象。

然而，為什麼這些動物會演化出這種有趣的現象呢？我們都知道，這些植食性動物沒有拒敵的銳牙利爪，對於猛獸的侵襲，頂多只能以頭上的角來抵抗；但羚羊、羊類、鹿類等，體型都比猛獸小，根本不是對手，因此只能「走為上策」。所以，在攝食時，必得儘快吃，把植物性的鮮草等匆匆一嚼就吞下，而草類的纖維較難消化，因此當牠們躲到安全地方時，就把囫圇吞下的食物，再吐出口中，細嚼慢嚥後再送進胃中消化。所以，反芻現象也是這種植食性動物為了適應環境、逃避敵害而演進出來的。

　　牛的懷孕期很長，達九至十一個月；每胎通常只生一隻。至於牠們的壽命，在十八至二十二歲間。大、小朋友們，對於牛及反芻現象，你們可都了解了？

❓ 人類何時開始養牛？

問：牛是一種有用的家畜，請問人類何時開始養牛？

答：牛這種哺乳動物究竟是在什麼時候才被人類馴養的呢？截至目前為止，如欲確切地說出牛被人類馴養的真正時間，實不可能；不過，由化石證據顯示，這種動物早在石器時代即已被人類馴養。我們知道，埃及人早在六千年前即已馴養這種動物；而巴比倫人，可能還要更早些。

❓ 牛為什麼喜歡浸在水裡？

問：水牛在夏天為什麼喜歡浸在水裡呢？牠們難道那麼怕熱嗎？

答：在夏天的時候，一到鄉下，往往可看到水牛浴水的鏡頭；當然，這樣有消暑避熱的作用。不過，另一個原因是在夏天時騷擾牠們的蟲子很多，而在牠們的表皮上通常有些寄生蟲或牛蜱（又名牛壁蝨）寄生著，如果牠們能浸在水裡，不但能免除牛虻、家蠅的騷擾，也可除去許多寄生在牠們表皮上的寄生蟲，一舉數得。

❓ 為什麼黑水牛會生白水牛？

問：不久前報上曾刊登台中烏日有頭黑水牛生白水牛的消息；為什麼會這樣？還有，為什麼白猴、白蛇及白蝸牛能賣高價？

答：黑水牛會生白水牛的可能原因是基因發生突變，而產生白化的個體——俗稱的「白子」；在自然界中，白子畢竟不多，因此「物以稀為貴」，許多人就認為這類個體特別珍貴，而想高價購買。不過，在一群動物中，如果有白子出現，那麼經由交配繁殖，以後白子出現的機會也就越大了。

❓ 兔子會吃紙？

問：記得有天晚上，我正看電視時，忽然發現兔子在吃紙，請問兔子會不會吃紙呢？牠們喜不喜歡吃紙呢？

答：兔子應該不會吃紙，所以根本就談不上喜歡；但當母兔在做窩，準備生下小兔子的時候，就可能咬些紙或布之類的東西喔！但牠們主要並不是喜歡吃這些東西，而是把這些東西當做築巢的材

料，也許牠試試紙能不能吃；也許你可養對兔子觀察。

❓ 兔寶寶多久才開眼？

問：為什麼兔寶寶快要誕生時，母兔會脫下許多毛？還有，牠們生下多久才開眼？

答：在母兔生產之前，牠們會利用環境中的枯葉、草、碎布做一個生產的窩，並脫下許多體毛，襯在窩中，這樣不但小兔不會受枯葉、樹枝等傷害，也能獲得較溫暖的睡覺地方。至於，兔寶寶究竟在誕生後多久才睜開雙眼，最好你能親自觀察；一般，家兔的寶寶大約是在誕生後一週左右就能睜開雙眼，觀察看看，對不對？

❓ 為什麼兔子不喝水？

問：前幾天我家養了一對小白兔，我用水餵牠，可是牠卻不喝水；為什麼呢？

答：兔子由於能從青草、甘薯、蔬菜……等食物中獲得足夠的水分，因此牠們可能不會再喝你為牠們準備的水；不過，如果你用豬或雞、鴨吃的合成乾燥飼料餵牠們，由於獲得的水分很少，所以

牠們必須喝水以補充水分。如果你不相信的話，就用合成乾燥飼料餵餵看，一定會發現，兔子也會喝水。

斑馬有幾種？牠們有哪些天敵？

 問：我最喜歡斑馬，現存的斑馬有哪幾種？還有，牠們有哪些天敵呢？

 答：斑馬是非洲草原上的可愛動物，全身有黑、白相間的條紋，好像平劇上的「大花臉」；這類動物，現存的種類共有三種，那就是葛氏斑馬、布氏斑馬及山斑馬；不過，布氏斑馬可分成兩個亞種。至於斑馬的天敵，有獅子、豹、獵豹及人類！尤其是人類，可以說是斑馬最大的天敵。

白羊和黑羊所生下的後代是白羊還是黑羊？

 問：同種的黑羊和白羊是不是可以交配？生下來的後代是黑羊還是白羊呢？

答：只要同一種，而且彼此的體型相差不多，白羊和黑羊應能自然交配；至於牠們所生下來的後代，毛色可能有純白、純黑，但也可能會有黑白相雜的。而類似的現象，也可能發生在貓、狗、豬、牛……等家畜上。

❓ 鴨嘴獸是獸還是鳥？

問：鴨嘴獸是獸還是鳥？台灣產有這種動物嗎？

答：鴨嘴獸是原產於澳洲的原始哺乳類動物，生活於水中，以蠕蟲、昆蟲及甲殼類動物為食；鴨嘴獸只是嘴巴像鴨嘴，四肢也像鴨腳的奇特動物，牠們並不是鳥類，而是一種較原始的哺乳動物。這種「小怪物」生活於河中，全世界只分佈在澳洲，所以台灣並沒產這種動物；不過在博物館的標本櫃中，大家能看到這種用下蛋方式來延續後代的哺乳類動物。

❓ 世界上最小的狗是什麼狗？

問：世界上最小的狗是什麼狗呢？牠的體重有多少？哪一種狗體型最大呢？

答：目前全世界的狗兒，共有兩百個品種，狗的品種很多，外型、大小都大異其趣；最小的犬種，就是小巧可愛，有「口袋狗」之稱的吉娃娃，體高只有一○至一三公分，而重量在○點五至三公斤之間，其小無比。體型最大的，要算馬士蒂夫犬了！這種狗兒身高約七○至八○公分，體重則在七十五公斤。不過，聖伯納狗也是巨無霸型的，雖然稍矮些，但體重也在七十五公斤以上。除此，大丹狗、伯若犬，都是身材奇高的犬種，只是體重不怎麼重。

❓ 狗為什麼會得皮膚病？

問：狗為什麼會得皮膚病？有沒有什麼防治辦法？

答：狗的皮膚病，可能由於體外寄生蟲——例如虱、蚤或狗蜱類引起的，也可能是疥癬蟲——一種小型蟎類，或濕疹所造成的。因此，應先弄清楚究竟是何種原因引起的，或直接送動物醫院，然後向獸醫詢問塗拭何種藥較好；而如嚴重，也許得剃毛，並洗藥浴。同時，別讓狗在不潔的地方活動，或和有病的野犬接觸。

❓ 狗能活多久？狗四個月大相當於人一歲大？

問：狗如不因生病或意外，能活多久？聽說牠四個月大相當於人類一歲，真的嗎？

答：一般，狗如不生病或意外死亡，通常能活二十歲左右；根據養狗專家的估算方法，狗二十天大時相當於人類一歲；而一歲大時，相當於人十八歲大。然而，在一歲以上時，算法不太一樣；例如，三歲大時，相當於人類二十七歲；十五歲大時，相當於八十一歲。而目前世界上最長壽的狗是二十九歲大。

❓ 狗可有肚臍？

問：人有肚臍，狗兒可也有肚臍？

答：在回答這個問題之前，我們先談談肚臍這種構造；哺乳類動物大多進行胎生，也就是胎兒在母體懷孕時，所獲取的養分和氧氣，會經由臍帶進入胎兒體內；同樣地，胎兒所排泄的廢物也會利用臍帶進入母體，然後排出體外。但當胎兒呱呱落地時，臍帶也會隨著脫落，只殘留肚臍的痕跡。狗兒是胎生的哺乳類動物，所以牠們也有臍帶，因此也就有肚臍這種結構了。

❓ 豬除了供食用，可有其他用途？豬懷孕期多久？一胎幾隻？

問：豬除了供食用以外，還有什麼用途呢？豬媽媽懷孕期多久？一年可以產幾胎？一胎可以有幾隻？

答：豬的用處除了食用外，豬皮可製皮革，是皮包、皮鞋、皮箱的上等原料，還可製藥用膠囊；豬鬃可製毛刷，豬毛可做繩

子，小腸可做腸衣和外科手術用的縫線；血是漁民染製魚網的原料，既可製造血粉，又可製造醬油、糖果和漆；豬腦可製去汙劑，可洗去衣服上的油漬，和攝影膠片上的汙點，還可製膽汁膏，是醫藥上膽鹽、膽酸的原料，和油漆配合可增加光澤；而奶頭可做奶頭膠，是攝影、醫藥、油漆等行業用的原料。脾臟可製脾臟粉，對手術後發燒有特殊的功效。眼睛的玻璃體，可用於組織療法治療眼睛。大腦下部有一顆下垂的黃豆大小的球髓，內含豐富的荷爾蒙，是製西藥的貴重原料，大腦和骨髓所製成的膽固醇，也很貴重，是製造維他命D的原料；胰腺可製造治糖

尿病的注射劑胰島素；甲狀腺磨粉可治氣管炎和哮喘；胃裡的一層黏膜，可製胃蛋白，這是治胃病的良藥。至於睪丸，卵巢、腎臟都可製藥；蹄殼可製蹄殼膠，可製火柴；豬油可製肥皂、牙膏和潤滑劑等原料。母豬懷孕期為四

個月，一年可產二胎至三胎，一胎通常可產十隻左右。

我們會發現豬這種家畜對人類來說，幾乎「一身是寶」；除此之外，豬糞、尿能做肥料，也能生產沼氣作為燃料。事實上，豬並不笨；據動物行為學家的研究發現，豬的智力並不亞於牛、馬、貓、狗。同時，牠們也挺愛乾淨的，如果我們能給予牠們好的生活環境，並常為牠們沖洗，豬也能全身光潔亮麗，惹人憐愛。

一般，豬媽媽的懷孕期是一百十四天，但也可能稍提早或延後，因此大約為四個月。而一年通常兩胎，但也有些母豬有三胎的記錄。至於每胎仔豬的數目，約十隻左右，不過也有少則三、五隻，多則十五、六隻的記錄。可是山豬就沒這麼多產，通常一胎只有二至六隻。

？ 為什麼豬會得瘟疫呢？

問：為什麼豬會得瘟疫呢？瘟疫究竟是指什麼呢？

答：瘟疫也就是流行性的傳染病；一般，豬經常會感染的瘟疫，例如肺疾、氣喘病、丹毒、豬瘟……等等。

這些疾病，有的是由細菌引起的；也有的是由病毒所感染的；由於它們的繁殖力強，感染能力又大，所以如果不立刻施以防治，往往會傳染得很快而迅速蔓延。像台灣幾年前發生的口蹄疫，曾造成台灣數千億的損失。這些病原通常是經由豬的糞、尿、咳嗽、唾液等傳染的，所以除了應注意環境衛生之外，對於被感染的疫豬，應迅速隔離或撲殺，並徹底消毒豬舍，同時對被感染的豬隻注射預防針。

？ 台灣山中有熊嗎？

問：我們常常在動物園內看到一些可愛的熊，台灣的山區有熊嗎？產在哪裡？會不會吃人？

答：有！台灣的山中有一種胸前有新月形白斑的台灣黑熊生活著；可是，由於牠們的數量太少，因此人們不容易見到。這種動物的分布，原來遍布台灣的山區，可是現在牠們可能棲息在深山之中，特別是中、北部一帶。台灣黑熊性情勇猛，但對於人類，卻有幾分畏懼，所以除非牠們飽受威脅，否則是不會攻擊人類。近年來台灣黑熊受到大家的保護，數量已逐漸增加。

❓ 熊會不會冬眠？冬眠時吃不吃東西？

 問：熊會不會冬眠？在冬眠的時候，牠們吃不吃東西呢？

 答：熊是一種冬眠的動物；不過，這種動物在冬眠的時候，並不像蛙、蛇那麼蟄伏土穴之中，因為牠們冬眠的期間，一遇氣溫回暖，便會出來覓食；而天冷的時

候，牠們就躲在洞中，以貯存體內的脂肪供給體能的消耗。

❓ 北極熊在冰雪上怎麼不會滑倒？

 問：我常看到北極熊在冰雪上奔跑、行走，可是牠們卻不會滑倒，為什麼？

答：北極熊是一種可愛的大熊，牠們生活在冰天雪地的北極，由於一身肥厚的油脂和密毛，所以不怕寒冷。可是，令人奇怪的是，人在冰上常會跌跤，可是北極熊為什麼不會呢？原來，北極熊的腳有利爪，同時有密密的毛，有了這種天生的結構，這些熊「大」寶自然不會跌跤了。

❓ 是熊貓還是貓熊？

問：我曾看過有些書寫「貓熊」，有些書寫「熊貓」，到底哪一個名字對？牠們生長在什麼地方？吃什麼食物？

答：正確的名字應該是貓熊才對，雖然這種動物和熊並不同類，但血緣較接近熊，而不接近貓，所以應稱之為貓熊。貓熊有兩種，一種是大貓熊，一種叫小貓熊；大貓熊是中國的特產動物，生長於中國的四川、西康及西南地區；最喜歡吃嫩竹子，因此常出沒於竹林地帶。而小貓熊則分布在中國及尼泊爾一帶，是偏肉食的雜食性動物。

？ 騾怎麼產生的？有生育能力嗎？

問：騾是驢和馬交配而生產的獸類，可是究竟是母驢和公馬交合呢？還是母馬和公驢交配呢？騾可有生育的能力？

答：就自然情況下而言，不同種類的動物是無法交配的，但是如以人為方式強迫交配或人工授精，那麼是可能的。不過，這種情形所產下的後代是無生育能力的。

騾是公驢和母馬交配而產生的後代，是一種善於馱貨，勤勞的工作家畜；而公馬和母驢交配所產下的後代，被稱為駃騠，也具有騾般的優點。

？ 長頸鹿的脖子為什麼特別長？

問：動物種類很多，可是很奇怪，長頸鹿的脖子特別長，是不是身體構造和其他動物不同，還是骨頭特別多呢？

答：長頸鹿的脖子所以長，是因為牠們具有長脖子的基因，純粹是遺傳的緣故，並不是牠們身體構造特殊，或頸骨特別多；

也許你不會相信，長頸鹿的頸骨竟然只有七塊，和我們人類的頸骨一樣多。

? 為什麼長頸鹿在水邊喝水時最容易受到攻擊？

問：有一天我看電視，看到一則消息說：「長頸鹿在河邊喝水的時候最容易受到攻擊。為什麼？」

答：長頸鹿全身最脆弱的部分是頸子，當牠們在水邊喝水的時候，四肢叉開，彎下長頸，這時候如果埋伏在旁的獅、豹一出現，牠們往往來不及把脆弱的頸子提舉起來，結果每每被咬中要害，流血過多而死亡。因此在水邊喝水時，長頸鹿最易受到攻擊。

? 貘是哪種動物的後代？

問：有人說貘是一種「四不像」的動物，那麼牠們是什麼動物交配而成的呢？

答：貘由於外型奇特，既像牛，又像豬，而且也有點兒像河馬和食蟻獸，因此有「四不像」之稱；不過，你可別以為這種動物是由牛、豬等動物雜交的後代；貘還是來自貘，也就是由雌貘、雄貘交配所產下的。

❓ 貓之外還有捕食老鼠的動物嗎？

問：很多人都養貓捉老鼠；可是除了貓外，是不是還有其他動物會捕食老鼠的？

答：有！除了貓之外，像狗、蛇，都會捕食老鼠；另外，貓頭鷹、老鷹，也會捕食這種齧齒類動物。對啦，在許多地方，例如印尼、印度，甚至台灣的鄉間，常有很多人捕捉這種小動物食用呢！

❓ 為什麼貓在大便後會自己埋上泥土？

問：為什麼貓在大便後會自己埋上泥土？

答：主要原因是糞便殘留的味道可能會引來其他大型猛獸，也可能使牠們所捕殺的獵物提高警覺；因此，這種行為既能逃避敵害，也可使牠們的獵物疏於注意，一舉兩得。

❓ 無鬚貓抓不到老鼠？

問：聽哥哥說：「剪掉貓鬍子，貓就抓不到老鼠了。」這是真的嗎？為什麼呢？

答：貓鬍子，也就是貓的觸鬚；當牠們在夜間行動時，除了靠視覺辨物之外，觸鬚也具有觸覺作用；因此，一旦觸鬚被剪掉，那麼牠們在黑暗中走起路來不免跌跌撞撞的，因此也就不容易抓到老鼠了。

❓ 貓不吃菜和水果，是不是不需要維生素C？

問：我經常看見貓只吃魚拌飯，卻不曾看貓吃蔬菜；貓不需要維生素C嗎？

答：貓當然也需要維生素C，但需要量不多，因此從平常的食物中或吃活的老鼠的時候，也就能獲得足夠的量了。家貓也會吃水果，或合成的貓食，這些食物中含有足量的維生素C。

❓ 貓吃魚不會被魚刺哽到？

問：為什麼貓吃魚時，不會被魚刺哽到？

答：對於喜歡吃魚的人來說，魚刺哽喉，的確是樁「痛苦」的經驗。而貓喜歡腥味兒重的食物，因此魚也就是牠們所喜愛的。可是貓在吃魚時，如果狼吞虎嚥，牠們依然會被魚刺刺傷或哽住喉嚨，這種「事件」，你如多觀察，一定會發現。不過一般來說，在吃魚時牠們大多小心翼翼地，這樣牠們也就較不會碰上這種麻煩！對啦，貓如被魚刺哽到時，往往會張口大嘔，並把吞進的食物吐出。

❓ 雄貓如何獲知雌貓發情？

問：常聽媽説：「若是雌貓發情的時候，則雄貓會自動跑來和牠交配。」真的嗎？那是什麼緣故？

答：雌貓在發情的時候，會分泌一種揮發性的誘引物質，屬於性費洛蒙這種物質若被雄貓聞到，牠們會循著味道的方向跑來而和雌貓進行交配。而類似的現象，也可在母狗發情時發現。

❓ 貓的瞳孔為什麼會變？牠們壽命多長？

問：我喜歡貓，也常觀察牠們；請問牠們的瞳孔為什麼會變呢？還有牠們能活多久？

答：貓的眼睛十分發達，能適應各類不同的光度；耐人尋味的是，牠們的瞳孔能隨光線的明暗，自行調整。當光線明亮的時候，貓的瞳孔變成一道細縫，所以這時候牠們看東西，好像瞇著眼睛一樣；當光線變暗的時候，貓的瞳孔則變得又圓又大，此時牠們只要丁點兒的亮光，即能看清周遭的景物。至於牠們的觸鬚，由於基部連有感覺

器官，所以觸覺作用甚為發達，能協助牠們在黑暗環境中暢行無阻。至於貓的壽命，平均約為十四歲左右，但也有長至十九、二十歲的；所以你所養的貓如果已有八、九歲，亦不過是「半老徐娘」而已，仍可陪伴你幾年，不過你對牠可要有愛心，也得有牠會比家人早逝的心理準備。

？ 幼貓多久才會睜開眼睛？長大後是否認得牠媽媽？

問：小貓咪多久才會睜開眼睛？牠會待在媽媽身旁多久？長大以後認得牠媽媽嗎？

答：貓，這是人類馴養五千多年的家畜；原是人類用來驅除老鼠的，可是目前已成為家庭最常見的寵物。由觀察得知，雌貓發育到五至八個月大時就有生育能力；而雄貓則要九至十二個月。

母貓的懷孕期約兩個月，每胎一至八隻；但大多為四至六隻。剛生下來的小貓眼、耳通常閉合，毛很少，可是長到八至十天時眼睛便能張開；這時候，牠們受母貓哺乳為生。母貓對小貓的照顧，無微不至；如果巢窩被發現，牠會以口啣小貓的方式把小貓移往隱祕的地方，一般哺乳期間約「搬」兩、三次「家」。

當小貓能自由活動時，母貓會教小貓覓食的方法；有時候會啣老鼠讓小貓耍玩，教導小貓捕食。大約兩個月大左右，小貓也就能自立求生了。這時候，小貓依稀認得母貓，但母貓幾乎不理小貓；等到小貓發育成熟，牠們幾乎不認得媽媽。因此，在貓類中，彼此間常會有「亂倫」的現象。

貓一年大約可生二至三胎，算是一種多子多孫的家畜；所以，一旦養貓，應好好管理，否則可能淪為「癩痢貓」、「流浪貓」，因為未經照顧的家貓身上常有貓蚤、貓蝨寄生，這些寄生蟲對人體也有害處。

❓ 貓發怒時為什麼會把身上的毛豎立起來？

問：有一次我看到兩隻貓打架，發現牠們把身上毛豎立起來，為什麼？

答：貓的體型通常很小，可是當牠們發怒或打架時，總會把身上毛豎立起來，這樣使牠們看起來會變得比原來大，也比原來兇猛；如此，對手一發現便會識趣地跑開，而一場干戈也就化解了！可是，如果彼此仍僵持不下，那麼牠們依然會打起來。而這種現象在貓、

狗相遇的時候，也常發生。可見，豎毛現象是貓向對手威嚇、示威的方法，也是自衛的方式。

 刺蝟寶寶不會戳傷媽媽？

 問：刺蝟媽媽生產的時候，為什麼不會被小寶寶身上的刺戳到？而母袋鼠生小袋鼠時，又如何把小袋鼠弄進育兒袋？

答：刺蝟寶寶剛生下時，毛很少，而且毛也軟軟的，因此並不會戳傷刺蝟媽媽。而母袋鼠產下小袋鼠時，小袋鼠會靠自己本身的力量，一步步爬進媽媽的育兒袋中吸食奶汁，並不是媽媽把牠「弄」進育兒袋中。

 鯨魚為什麼噴水？

 問：在電視上，我曾看到鯨魚噴水的鏡頭，為什麼牠會噴水？

答：鯨魚是一種哺乳類動物，雖然生活在水中，但牠們也是利用肺臟呼吸。當牠們潛水時，位於頭頂的鼻孔會被一活門封住，這樣海水便不會流入牠們的氣管之中而嗆住。但是每當牠們潛游十來分鐘，便會浮上水面呼吸，在牠們呼氣時，由於肺活量奇大，常把周圍的水往空中噴起。而形成水柱，因此，鯨魚噴水是牠們正進行呼吸作用的現象；可是有很多人卻認為牠們在玩水，這是不對的。

❓ 鯨魚有沒有體毛？

 問：陸生的哺乳類動物都有體毛，可是鯨魚生活在海中，牠們有沒有體毛呢？

 答：鯨魚是海棲的哺乳類動物，牠們的體毛因適應環境的關係，全都退化而消失了，只有在嘴巴周圍，還存有一些剛毛而已。其實，除了體毛大多消失之外，牠們的牙齒、爪子及四肢也都變形了，這也是適應水域環境的結果；如有機會看到牠們的圖片、影片時，不妨仔細瞧瞧。

❓ 鯨魚媽媽會不會哺乳？

問：鯨魚媽媽會不會哺乳呢？如果會，那麼牠怎麼餵小娃娃吃奶呢？

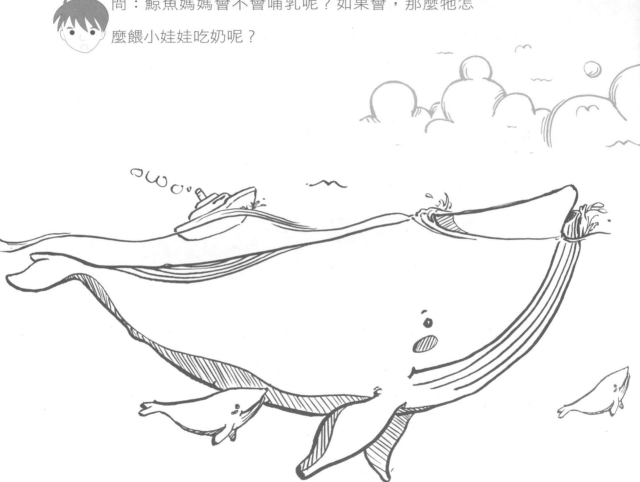

答：鯨魚是一種哺乳類動物，牠們當然也能哺育鯨魚娃娃啦！而鯨魚媽媽的乳頭是長在腹部下方，所以當牠分泌乳汁的時候，會把身體稍向上揚，好讓鯨魚娃娃能吸到牠的乳汁，真是有趣！

❓ 為什麼鯨魚在陸地上活不了？

問：既然鯨魚用肺呼吸，為什麼被捉到陸地上後便會很快死亡？

答：鯨魚的祖先是在陸地上生活，進入水中之後為了適應海水的生活，許多形態及生理的結構也就演進出適於海中的環境；例如四肢演進成鰭狀，體型適於游水。可是牠們依然以乳汁哺育幼兒，同時也以肺呼吸。而在牠們上陸之後，即使呼吸不成問題，但由於食物無法獲得，體內水分的散失也無法克服，甚至因為軀體龐大，更沒辦法移動，自然也就無法存活了！所以，不管鯨魚也好，其他海獸也

罷，長期脫離水域，往往會面臨生死存亡的危機。

? 貓鼬是肉食性嗎？

問：我和同學看哥哥的生物課本，裡面介紹貓鼬和眼鏡蛇決鬥的情形，結果貓鼬咬住眼鏡蛇的頭；但我不知道這種動物究竟吃些什麼？是肉食的呢？還是草食性的呢？

答：貓鼬是一種肉食性動物，除了能捕食蛇類之外，也常捕捉蜥蜴、鳥類、蛙類……等小型脊椎動物為食，所以牠們是「肉食族」，而不是吃素的動物。

? 蝙蝠吃些什麼？

問：我最近養了一隻蝙蝠當寵物；請問，牠吃些什麼？

答：養蝙蝠當寵物，一定十分新奇吧，蝙蝠的食性有植物性及肉食性兩類；以台灣產的蝙蝠來說，屬於前者的以狐蝠為代

表，可以水果、野果為食，不難飼養，空間也並不一定要大，大一點的鳥籠也就行了。可是，後者大多是一些較小的食蟲類動物，牠們大都以飛翔方式覓捕昆蟲為生，空間就得大些。其實，在國外有些蝙蝠甚至能捕魚、捕蛙類呢！你的蝙蝠究竟是哪一類，如果是前者，只要供以水果也就行了。不過，這類都是野生動物，還是把牠們放歸山林原野吧！尤其是狐蝠，已是保育類動物，捕捉和飼養都必須申請許可才行。

❓ 蝙蝠為什麼在晚上才出來活動？

問：在白天都看不到蝙蝠，但一到晚上卻經常可以看到牠們，這是為什麼？在夜間飛行為什麼不會碰到任何物體呢？

答：一般動物的活動可分成兩大類，一是白天活動的，另一類是在夜間活動的；而蝙蝠屬於後者，所以牠們一到晚上才出來活動，在白天牠們就倒掛在建築物簷下洞穴或樹上休息。蝙蝠在飛行時能發出聲納，而聲納一碰到物體就能反射回來，藉此牠們即知道前面是不是有障礙物，如果有，就飛離障礙物，所以在黑夜中飛行，牠們依然能暢行無阻。

食蟻獸只吃螞蟻？

 問：食蟻獸是不是只吃螞蟻？難道牠們不吃其他食物嗎？還有，牠們一餐大約要吃多少螞蟻？

答：食蟻獸是一個概括的名詞，所包括的種類有好幾種，像大食蟻獸、條紋食蟻獸、小食蟻獸……等等，牠們除了舐食白蟻、螞蟻之外；在動物園內，牠們也能吃牛奶、餅乾及果汁之類的流質食物。這類動物爪很銳利，舌頭其長無比，牙齒退化，牠們通常是以長長的黏舌來舐捕螞蟻或白蟻。究竟一餐吃多少，就要看牠們發現多少白蟻或螞蟻了。

世界上哪一種象最大？

 問：請問世界上有幾種象？哪一種最大？

答：象是陸地上的巨無霸，也是現存陸棲動物中體型最大的；這類長鼻目動物共有兩種，一是生活在非洲草原中的非洲象，

一是有許多個體已被馴養的亞洲象，或又稱為印度象。這兩種動物以非洲象為大，體長在六至七點五公尺之間，肩高為二點四至四公尺；可是亞洲象體長只有五點五至六點四公尺，肩高為二點一至三點二公尺，幾乎小了一號。不過，非洲象還有一個亞科，那就是有叢林象之稱的圓耳象，體長只有四至五點五公尺，體高為一點六至二點八公尺，比亞洲象還小。

? 袋鼠寶寶是在媽媽的袋囊中出生的？

 問：袋鼠寶寶是在媽媽的袋囊中出生的嗎？

答：袋鼠是一種有袋類動物，袋囊也就是育兒袋，是袋鼠寶寶生長和發育的地方。然而，袋鼠寶寶並不是一生出來就誕生在育兒袋中，牠們還是和胎生的哺乳動物一樣，由媽媽生產下來，然後再爬進腹下的育兒袋中繼續發育。袋鼠寶寶是早產兒，牠們在媽媽懷孕後的一個月，就被生產下來。

Part3

魚兒魚兒水中游

? 哪些動物有魚名但不是魚類？

 問：有哪些動物具有魚名，但卻不是魚類？

 答：這些具有魚名的非魚類，例如章魚（軟體動物）、鱷魚（爬蟲類）、山椒魚（兩棲類）、鯨魚（哺乳類）、星魚（棘皮動物）及衣魚（昆蟲類）。還有沒有呢？動動腦吧！

　　章魚及魷魚，就是常被誤認為魚類的動物；其實這些動物是屬於軟體動物，而魚類則是脊椎動物。至於鰻魚、泥鰍，雖然外型上和常見的魚類有些不同，但牠們也是魚類之一。另外，鯨魚和海豚，也有部分小朋友把牠們當成魚類；事實上，牠們是海棲的哺乳類動物。

? 所有水中動物都是用鰓呼吸？

 問：所有的水中動物都是用鰓呼吸嗎？

答：在回答這個問題之前，我們不妨思索一下，生活在水中的動物有哪些？最多的當然是魚類，其他例如鯨魚、海豚、蝦、蟹類及水棲昆蟲等。魚類、蝦蟹類及大多數水棲昆蟲，幾乎都是利用鰓呼吸，可是有些水棲昆蟲，例如紅娘華、水螳螂、孑孓等，則是利用呼吸管來呼吸；至於海豚、鯨魚，牠們是哺乳類動物，是利用肺呼吸，所以每隔一段時間，便得浮上水面呼吸。由此可知，水中動物中有些是用鰓呼吸，有些則是用呼吸管或肺來呼吸。

❓ 台灣有多少種魚類？

問：台灣有多少種魚類呢？淡水魚中以哪一類最多？世界上可有有毒的魚類？台灣也有嗎？

答：魚類是脊椎動物門中的重要一員，全世界已知的種類大約有兩萬種，這些種類佔現存脊椎動物總種類的五分之二，例如鯉魚、鯽魚……等，大家在魚市場、水族館常可以看到；據估計全世界可能有四萬種之多。而在台灣，已知的魚類據魚類學家陳兼善的統計，達一千兩百六十四種之多；不過，最近的統計約為兩千種。至於淡水

魚，如包括可以在淡、海水中活動的，大約有兩百萬；而純淡水魚大約有八十多種。

有毒的魚類種類還不少呢？以台灣來說，較為大家所熟知的有毒魚類，例如棲息海中的毒鮋科魚類及鮋科魚類──俗稱石狗公，及簑鮋等。這些魚兒，鰭棘帶毒，如不慎受刺，會因而中毒。又如刺河豚類，內臟帶毒，如不慎食用此部分，也會因而中毒。所以，對這類毒魚，應特別小心。

❓ 水中有會吃蚊子的魚兒？

問：水中有沒有會吃蚊子的魚兒呢？牠們生長在什麼地方呢？

答：蚊子的幼蟲，叫做子孑，牠們生活在水中，並在水中化蛹，等到變成成蟲時，才會在空中飛翔。而當子孑生活水中的時候，棲息在河流、溝中或池塘裡的魚兒，例如吳郭魚、大肚魚、孔雀魚、蓋斑鬥魚，就會捕食牠們。可是，如果子孑數量太多的話，只憑這類魚兒，還是很難把子孑克制下來。

為什麼晚上海水會發光？

 問：發現海水在夜裡有時候會發光，究竟是什麼原因呢？

 答：海水一入夜之所以會發光，那是由於海中會有發光生物存在的緣故；一般，會使海面發出亮光的生物，有渦鞭類、某些甲殼類動物、深海魚類及烏賊……等等。

魚沒有耳朵？

問：前幾天我想看看魚兒的耳朵在哪兒，可是卻找了好久仍沒找到，難道牠們沒耳朵？

答：其實魚兒也有耳朵，只是牠們的耳朵是內耳，是長在頭部內側，難怪妳找不到；不過，在這兒想提醒小朋友們的是，並不是所有動物的耳朵都和我們人類一樣，外露體表，或者是有耳殼；有很多種類的動物，耳朵只有一個孔道外露，並沒有耳殼，而有的只具有內耳而已！

❓ 魚類都會游水？

問：魚類是不是都會游水？

答：魚類都會游水，不過有些魚類，像鰻魚、泥鰍除了游水之外，也善於鑽洞；而肺魚卻是沒有水也能在陸地上生活，另一種在海邊極為常見的彈塗魚，不但游水，甚至還能爬樹呢！

❓ 為什麼不能用自來水來養魚？

問：日前，我抓了幾條鯽魚放在水池內，然後打開水龍頭放自來水進去，結果過了不久，鯽魚便翻肚死了；是不是自來水中含有毒物質？

答：自來水中由於含有有毒的氯氣，所以放進去飼養的鯽魚，往往會因而死亡；但是並不是因為這樣就不能用自來水來養魚；只要你把自來水擱置幾天，使水中的氯氣跑出來以後，也就能用來養魚了！

? 魚放在清水中為什麼會變濁呢？

問：我喜歡釣魚，有時候把所釣的魚放在清水中，不一會兒，水都濁了，為什麼呢？

答：魚在河中或池塘中活動的時候，由於水質及攝食的關係，口及鰓絲上經常沾有泥土，因此放在清水中，牠們的口及鰓一張一合，便會把這些泥土排出，使清水變濁。

? 人看不見浮游生物，為什麼小魚、小蝦能覓食？

問：浮游生物既是人的肉眼所看不見，那麼小魚、小蝦又怎麼能覓食呢？

答：我們人類常以人的觀點來看其他動物；例如，看到一塊紅布，就會以為其他動物所看到的也是一塊紅布；其實，並不盡然，以鬥牛時鬥牛士所用的紅布來說，在牛的眼裡，那不過是一塊晃動的東西，不是紅布，因為牛是色盲。相同的，有許多浮游生物的確是人的肉眼所看不到的，但是其他小魚、小蝦難道會看不到嗎？當然不是，

所以牠們也就能吃這些食物了。因此，我們可不能老是以人類的眼光來看其他動物。

? 魚有沒有鼻子？牠們怎麼呼吸？

問：魚有沒有鼻子？牠們怎麼呼吸？

答：魚雖然沒有人類般的明顯鼻子，可是在頭部前端，眼睛的上方卻有對鼻孔。我們都知道，人類的鼻子是重要的呼吸及嗅覺器官，可是魚類的鼻孔，卻沒有呼吸作用，而只有嗅覺作用。那麼，牠們究竟怎麼呼吸呢？

　一般，魚類的頭部兩側都具有鰓的結構，鰓是由許多鰓絲所組成，鰓絲中佈有無數微血管；當鰓蓋活動時，水會進入鰓內，這時候水中的氧氣會被微血管中的血液所吸收，並導入鰓動脈，再循流全身。而二氧

化碳也就藉這種方式排出體外。

　　然而，有許多魚類獲取氧氣，並不僅賴鰓而已，有的會利用腸壁輔助吸收氧氣；當水中的氧氣含量減少時，這類魚兒，例如泥鰍，會把頭伸出水面，直接吸進空氣，然後由腸壁組織吸進氧氣，輸送全身，而二氧化碳便由肛門排出。至於肺魚類，甚至還能利用鰓壁的微血管，從吸入的空氣中獲得氧氣呢！

？ 為什麼魚死了會漂在水面上？

　　問：前幾天我到池塘釣魚，看到水面上有死魚漂浮，怎麼會這樣？

　　答：魚兒的體內，有一個控制沉浮的器官叫做鰾；當鰾充氣時，魚兒便可浮向水面，而鰾中的氣體少時，由於密度大，浮力小，牠們便沉到水中。然而，在魚兒死了之後，魚鰾失去了控制作用，牠們便會漂在水面上，隨水流及風力漂來漂去。

？ 魚鰾有什麼功用？

問：我最喜歡吃魚，有一次我發現在魚的腹腔內有個像氣球般的東西；那是不是鰾囊？有什麼功用？」

答：魚兒腹腔內那個像氣球般的東西，就叫做鰾，這種鰾是魚兒的沉浮器官。每當魚兒要浮起來的時候，連接在魚鰾上的肌肉會鬆弛，這個時候，空氣進入，魚鰾變大，魚兒所受的浮力變大。因此便能浮了起來。而當魚鰾上的肌肉收縮的時候，鰾內的空氣受到壓縮而變小，魚兒便會往下沉。

？ 魚、蛇有沒有臀部？

問：魚和蛇有沒有臀部？

答：談起臀部，大家可能會想起哺乳類動物腰下的部位；其實像魚、蛇之類，牠們的臀區雖不像哺乳類動物那麼明顯，在形態結構還是有這個部位；以魚兒來說這個部位的魚鰭，就叫做臀鰭。

❓ 為什麼金魚的形態變化那麼大？

問：我家養了一缸金魚，各式各樣，奇形怪狀，美不勝收！牠們是不是同一種？怎麼會有這麼大的變化？

答：這些金魚都是屬於同一種，只是品種不同而已！而牠們的形態之所以會有這麼大的變化，是魚類育種學家利用遺傳學的原理培育出來的，形形色色，令人驚豔！市面上可找到這類書，有興趣可買來閱讀，或上網查相關資訊。

❓ 金魚是肉食性還是植食性？

問：金魚究竟是植食性，還是肉食性？

答：金魚是中國最早馴養的觀賞魚類，目前已培育出的品種相當多；如今，牠們已分布世界各地。這種魚兒在自然界中算是雜食性的魚類，會覓捕水中的昆蟲、螺類、小型甲殼類、水蚤及水草等。而在一般家庭飼養的，被飼以乾燥的絲蚯蚓、綠藻粒等食物。

❓ 電鰻真能發電？

問：海中真的有能夠發電的電鰻嗎？為什麼牠們能發電呢？

答：海中不但真的有電鰻，而且還有好多種類；這些電鰻的身體上具有發電器，所以能發電擊斃敵物或獵物；一般這些發電器大多位於頭側及胸鰭之間；如果人們不慎碰到牠們也可能被擊昏呢！

❓ 如何區分鰻魚和鱔魚呢？為什麼牠們這麼滑？

問：鰻魚和鱔魚是常見的魚類，兩者如何區分呢？為什麼這兩種魚類不容易用手抓起？還有牠們吃些什麼？

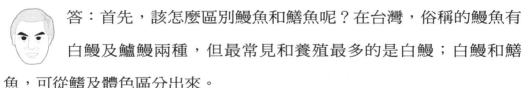

答：首先，該怎麼區別鰻魚和鱔魚呢？在台灣，俗稱的鰻魚有白鰻及鱸鰻兩種，但最常見和養殖最多的是白鰻；白鰻和鱔魚，可從鰭及體色區分出來。

白鰻的背鰭、臀鰭及尾鰭相當發達，同時有胸鰭；但是鱔魚的背鰭、臀鰭和尾鰭很小，不太發達，而且沒有胸鰭。至於體色，白鰻背部

為灰黑色，腹下是銀白色；可是鱔魚的體背為黃褐色並佈有深褐及紅褐色等不規則的斑點；另外，腹下則呈淡黃褐色。兩者間極容易區分。

這兩種魚兒，鱗片奇小，肉眼看不見；但牠們都會分泌黏液，滑潤全身。這些黏液，除了有助於減少寄生蟲的寄生外，也可減少水中游動時的摩擦力，有助於水中運動。而由於滑溜溜，所以人們想徒手捕抓，可不容易嘛！在塘沼、河流中，鰻魚、鱔魚都是捕抓水中的浮游生物、魚、蝦及其他昆蟲為生；不過，在台灣，養鰻事業非常發達，人們常用魚漿及各式各樣的人工飼料來餵養牠們。

❓ 鰻魚無魚鱗嗎？

問：鰻魚是不是蛇類呢？如果不是蛇而是魚，怎麼沒有魚鱗？

答：鰻魚是魚類，而蛇是爬蟲類；所以鰻魚的外型雖然像蛇，可是在分類上是屬於魚類。從外表上看來，鰻魚好像無鱗；其實牠們是具有鱗片的，只是鱗片很小而已，所以如果你有放大鏡的話，不妨仔細瞧瞧。

❓ 為什麼釣不到鰱魚？

問：回鄉下時我和堂哥到池塘釣魚，請問為什麼能釣到吳郭魚，卻釣不到鰱魚呢？

答：很多人釣吳郭魚時如不是用萬能餌，就利用蚯蚓當魚餌；這種食餌對於吳郭魚來說幾乎都能活用。原本生活在塘沼中的鰱魚是以水中的浮游生物為食，這些浮游性的動物或植物是我們肉眼很難看到的，但鰱魚卻能藉結構細密的鰓來濾食這些小生物。但蚯蚓或萬能餌個體太大，所以鰱魚並無法濾食，因此用這類食餌釣不到鰱魚了。

❓ 為什麼有些鯽魚很小就魚蛋滿腹？

問：前些日子，伯父送我們很多小鯽魚，大約只有三、四公分長；為什麼那麼小的魚兒，就有魚蛋了呢？

答：那是由於品種不同的緣故，鯽魚有很多品種，有些早熟的品種，養了不久，卵巢便發育成熟，所以只有三、四公分長，魚蛋滿肚；而有些晚熟的品種，往往要較長時間的飼養，卵巢才發育成

熟，所以往往要長得很大才懷蛋。

? 泥鰍吃些什麼呢？

問：有一天我和媽媽上市場，在市場前看到賣泥鰍的；我問媽媽牠們吃些什麼？可是媽媽不知道；請問牠們吃些什麼呢？

答：泥鰍是常見的淡水魚，有很多人認為牠們是吃泥巴長大的；其實這是錯的。泥鰍的天然食物是水中的水蚤、水蟲、絲蚯蚓、水藻及水生植物的嫩葉。但人工養殖的，大多餵牠們吃魚漿、魚粉或米糠之類的人工飼料。

? 彈塗魚是魚還是爬蟲？

問：生物課本中曾提及「彈塗魚」能利用鰭爬出水面，所以大部分時間都生活在空氣中；那麼牠們是屬於魚類還是爬蟲類？

答：彈塗魚是海邊常見的魚類，牠們的特徵和魚類一樣，體表沒有硬鱗片狀的外骨骼，不是爬蟲類動物。這種魚類能利用

胸、腹的鰭肢在水邊的陸地上活動，甚至還會爬到樹上呢！相當有趣。彈塗魚，也就是俗稱的「花跳」，是海灘上常見的「怪」魚，因為牠們能以胸鰭及尾柄在水面及海灘上迅速爬行。這類魚兒，主要是以海床上的藻類為食，尤其是吃矽藻之類的海藻。由於彈塗魚的肉質鮮美，因此目前在台灣，已有人利用魚塭大量飼養這種味美可口的海魚。

問：飛魚究竟怎麼飛？台灣有嗎？

答：飛魚，也就是魚類學家所說的文鰩

魚；台灣海域，尤其在蘭嶼一帶，盛產

這類魚兒；在市場上，牠們被喚作「飛烏」。這類海魚，胸鰭特大，腹鰭和尾鰭也十分發達。在海中，牠們每受海鳥、鮪魚、海豚或漁船驚擾時，便會在水中急速游行，並衝出海面滑翔；這時候，胸鰭會伸展開保持平衡，飛行一段距離。據估計，牠們飛行的時候，時速可達五、六十公里，而滑翔的距離，甚至可達一百五十公尺左右。所以，當牠們群飛時，頗為壯觀。

? 沙魚會吃人？

問：沙魚真是會吃人？

答：在海中，大多數種類的沙魚可算是到處「橫行」的惡霸，牠們性情急躁，對血跡十分敏感，一見晃動的物體就咬，是肉食性的魚類。因此，如有海難發生，一有人受傷，只要附近有沙魚活動，傷者的命運往往十分悽慘。除了吃人之外，沙魚也吃其他的海魚，甚至對於受傷的同伴，仍然照吃不誤，的確是一種駭人的魚類。不過有些沙魚性情十分溫和，並不會攻擊人類，像體型巨大的鯨鯊就是。

? 雄鮟鱇魚真的寄生在雌魚身上？

問：最近生物課教到有關鮟鱇魚的部分，為什麼雌魚頭部的柄會發光？雄魚真的是寄生在雌魚身上？

答：鮟鱇魚是一群相當奇特的深海魚類，為了適應深海的黑暗世界，雌魚頭部具有一釣桿狀的長柄，柄的頂端具有一發光器，因此能發光；而發光的主要目的是用以引誘獵物前來，然後予以捕食。然而，雄魚體型奇小，全身除了精巢發育完全之外，其他器官幾乎退化，因此在自由生活一段時間後如遇雌魚，便附生在雌魚的身上寄生，宛如雌魚的一部分。

河豚究竟是什麼動物呢？

 問：最近電視新聞曾提到淡水河口出現許多河豚；請問，這是什麼魚兒呢？為什麼釣魚的人不太喜歡？

答：河豚是魨形目海魚，通常生活於海域，但也常出沒在河海交錯的地方。這類魚兒如受干擾或驚嚇時，會吸氣或喝下大量的水，使身體鼓脹如球，十分有趣！可是，這類魚兒的卵巢及內臟，含有劇毒的河豚毒素，如食用時處理不當，毒素一滲進魚肉中，那麼人一食用，往往會因而中毒，甚至喪命。所以，釣魚或捕魚的人，並不太喜歡捕捉這類海魚，常在釣到之後便放生；然而，儘管如此，由於有些河豚，肉質鮮美，仍有些人特別偏愛。

 ## 草魚吃什麼？

問：表哥送我三條草魚；請問，牠們吃什麼呢？

答：草魚，顧名思義，是一種吃水草的淡水魚，在塘沼間，這種魚兒主要以水草、浮萍為食；不過，在人工飼養時，通常供以牧草、野草。同時，也常被飼以麩皮、麥片、米糠、花生粕等飼料。在台灣，這算是一種較常飼養的淡水魚類，尤其是在台灣西部及南部的池塘，飼養最多。

❓ 海馬是胎生嗎？吃什麼食物呢？

問：海馬是胎生嗎？台灣有沒有？牠們吃些什麼呢？怎麼呼吸？

答：海馬是一種卵生的海魚；有趣的是，在海馬媽媽下蛋時，會把蛋下在海馬爸爸腹下的孵育袋中，「父代母職」。孵化之後，小海魚會以海綿組織吸附在囊內，並吸收養分。不久，雄海魚收縮腹部，而把一隻隻的小海馬「生」出。這種可愛的魚兒，在寶島海域，例如珊瑚礁間，也常能發現；牠們和其他魚兒一樣，利用鰓呼吸，食物是海中的小型甲殼類動物及浮游小動物。

Part4

我是隻小小鳥

? 為什麼有些鳥兒在晝夜不同的時間活動？

問：本村海堤旁遍植茄苳樹，白鷺、夜鷺（暗光鳥）成群棲息其中；在白天，白鷺飛出捕食；而在傍晚時，夜鷺才外出活動；這是什麼原因呢？

答：一般的動物，包括鳥類，牠們的生活方式有白天活動的，也有夜間活動的，這是牠們為了適應環境，長期演化的結果；如此，可以減少彼此對食物和棲息場所的直接競爭，這樣對彼此的生存都較有利。白鷺在白天活動，傍晚歸巢；而夜鷺則是晝伏夜出。

? 候鳥、過境鳥南來越冬，在這些鳥之中，以哪種數量最多？

問：每年九、十月間總有大批候鳥、過境鳥南來越冬，在這些鳥之中，以哪種數量最多？為什麼我們要保護牠們呢？除此之外，台灣還有哪些珍禽異獸有待保護？

答：在寶島，每年一到九、十月間總有大批過境鳥或冬候鳥抵達台灣越冬，其中數量最多的，則要數紅尾伯勞及灰面鷲了！

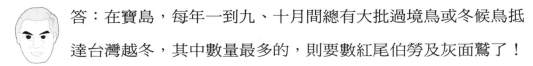

據估計，每年過境台灣南部的紅尾伯勞約三、四十萬隻，而灰面鷲，也是數以萬計的。

紅尾伯勞及灰面鷲都是益鳥；前一種大多以害蟲，例如蝗蟲等為主食，是農人的好幫手。而後一種雖偶會捕食家禽，但牠們的主要獵物是野鼠、松鼠及蛇類，對於有害動物的抑制，貢獻甚大。

可是，有些人對於這兩種遠來的嬌客，不但不禮遇牠們，反而為了蠅頭小利而捕抓大量的紅尾伯勞烤著販售，抓灰面鷲「進補」或製成標本販賣。這不但不能使牠們在自然界中發揮撲殺有害動物的功能，也由於部分人們的「集體屠殺」而有損於我們國家的形象；不過，自從國家公園成立及施行野生動物保育法之後，盜獵的現象總算減少。如果父母、親朋間有人捕殺或吃這類鳥兒，應勸阻他們；同時，我也希望當地的朋友何不把這兩種過境鳥南來越冬，過境的群棲鏡頭發展成「觀光資源」，使每年一到牠們前來的季節，就像「到大湖採草莓」那樣，「歡迎大家到楓港（或滿州、車城、恆春）來賞鳥」，可能的話也把附近名勝也連在一起作為號召呀！

對啦！「台灣還有哪些珍禽異獸也有待保護呢？」在這兒，我只能把一些較主要而有絕種之虞的種類列舉出來，希望大家別捕抓牠們，別

吃牠們的肉，別買牠們的標本，也別把牠們當寵物飼養，好讓牠們能在寶島的自然界中生存下去。

亟待保護的珍禽有黑長尾雉、鴛鴦、藍腹鷴，台灣雉、黃魚鴞、褐林鴞、赫氏角鷹、喜鵲、山啄木鳥、黃鸝、朱鸝、鶚及許多鷲鷹類；至於異獸類有雲豹、石虎、台灣黑熊、台灣獼猴、白鼻貓、麝香貓、棕蓑貓、水獺、黃喉貂、華南鼬鼠、狐蝠、台灣鯪鯉（穿山甲）、台灣長鬃山羊、梅花鹿、水鹿、麂、鼯鼠類、海豚類及鯨魚類。

放飼的雞為什麼比關在籠子養的雞好吃？

 問：我常聽說放在野外飼養的雞隻，要比關在籠內養的雞好吃，為什麼？營養價值有不同嗎？

答：放飼在野外的雞隻，由於經常運動，肌肉比較結實；而養在籠中的雞隻，由於少運動，肥肥胖胖的，肌肉較軟，因此牠們的肉嘗起來，似乎不太一樣；其實，這兩種雞的肉，營養價值都差不多，如果烹飪得法，即使是關在籠子養的雞，經過料理之後，也挺好吃的。

❓ 為什麼雞常啄食小石子？

問：為什麼雞常吃進小石子呢？難道牠不怕消化不良？還是小石頭有特殊的功用？

答：如果小朋友們仔細觀察的話，常可發現雞會把小石子、砂子或煤渣啄入口中；不過，可別以為牠們嗜食這東西，牠們吃下小石子是為了幫助消化。

因為沒有牙齒，啄入胃中的食物，即使是軟質的，也不易消化，而有了小石子以後，由於胃的蠕動，相互摩擦，進入胃中的食物便能很快的被消化掉。而除了雞之外，許多鳥類也會啄食小石子等硬物。

雞的心臟有幾心耳幾心室？

 問：我常吃雞的心臟，可是卻不知道牠們的心臟有幾心耳幾心室？

 答：在分類學上，雞是鳥綱中的一員，而鳥綱的心臟是二心耳二心室，因此雞也是一樣；而我們人類呢？也和雞一樣，都是二心耳二心室。其實，除了雞之外，其他鳥類也是二心耳二心室。

土雞會不會比洋雞壽命長？

問：一般的土雞會不會比洋雞壽命長呢？

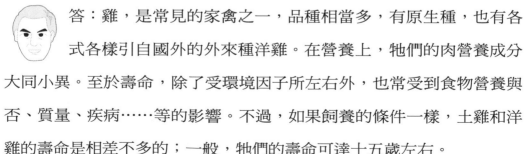 答：雞，是常見的家禽之一，品種相當多，有原生種，也有各式各樣引自國外的外來種洋雞。在營養上，牠們的肉營養成分大同小異。至於壽命，除了受環境因子所左右外，也常受到食物營養與否、質量、疾病……等的影響。不過，如果飼養的條件一樣，土雞和洋雞的壽命是相差不多的；一般，牠們的壽命可達十五歲左右。

❓ 雞身上也有跳蚤嗎？

問：狗身上有跳蚤，但雞的身上好像也有，是不是也是跳蚤呢？

答：不是，那不是跳蚤，雞身上的寄生物叫雞蝨，是專門吃雞的羽毛及皮膚的排洩物，算是雞的寄生蟲，對雞隻的發育有不良的影響。

❓ 為什麼雞被屠宰之後翅膀還能動？

問：為什麼賣雞肉的小販在屠宰雞隻時，雞已死但翅仍會動？

答：雞被屠宰時，雖然已經斷氣，可是卻常發現牠的翅膀、雙腳仍動個不停，主要原因是能引起肌肉收縮運動的神經仍未完全失去作用，所以還會動個不停；不過，一旦牠們的神經作用消失，肌肉也就無法收縮，牠們也就不會動了。這種道理和壁虎尾巴斷了之後，脫落下來的尾巴依然會動的原理是一樣的。

❓ 雞肉中為什麼看不到血？

問：媽媽殺雞時，雞血一大堆；可是在吃雞肉時，為什麼看不到血呢？

答：我們都知道，在殺雞或殺鴨時，通常從頸動脈處切斷，這時候，雞、鴨全身的鮮血會汩汩而出，幾乎把全身的血都流光，連肉中微血管中的血，也幾乎都流出；所以，在我們吃雞、鴨肉時，也就看不到血色了。

❓ 為什麼有三腳雞？

問：正常的雞只有兩隻腳，為什麼會有三隻腳的雞呢？

答：正常的雞，只有兩隻腳，可是，有些雞在胚胎時期，可能會因遺傳因子發生突變的關係，而產生畸形的現象，結果產生了三隻腳的怪雞；而在鴨、鵝中，也會發生類似的現象。一般，這種突變

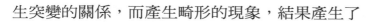

的發生，可能是外界環境的刺激或內在營養失調及基因調控發生問題所造成的。

❓ 常見的蘆花雞、烏骨雞等是不同的種類，還是不同的品種？

問：請問常見的蘆花雞、烏骨雞等是不同的種類，還是不同的品種？能不能各舉出一種卵用雞、肉用雞及卵肉兼用雞。

答：雞是大家最常見的家禽，也是人們獲取動物蛋白質的主要來源之一；據載：人類早在紀元前三千年就開始馴養這種動物；而最先被人們馴養的，也就是原雞──這是家雞的祖先。

而經過人類長期的飼養，如今已培育出各種不同型式的雞；像供觀賞用的彭推姆雞，可製藥酒的烏骨雞，善鬥的鬥雞及產卵機器──來亨雞，多肉的九斤黃……等等。儘管這些雞的外型都不同，但牠們都是同屬於家雞這一種類，只是品種不同而已，此情形就好像白種人、黃種人、黑種人，同屬於同一人種一樣。

至於卵用雞，在台灣最常見的是羽毛全白的來亨雞；而肉用雞，例如九斤黃；卵肉兼用的品種，則以蘆花雞和紐漢西雞、洛島紅最常見。

❓ 沒經交配的母鳥蛋會孵出小鳥嗎？

問：我家養的一隻文鳥沒經過交配而生蛋，會不會孵出小鳥呢？要怎麼照顧母鳥和小鳥呢？如果小鳥孵出，該餵牠們吃些什麼呢？

答：未交配的母鳥所生下來的蛋由於未受過精，因此不會孵出小鳥。而在母鳥下蛋期間，你應為牠們準備個巢，並供給牠們乾淨的清水及充足新鮮的食餌，這些食餌在寵物店或鳥店都可買到。一般，未長成的小鳥通常由母鳥所餵飼，所以只要妥善照顧母鳥，也就能間接呵護雛鳥了。

❓ 沒有公雞，母雞會生蛋嗎？

問：沒有公雞，母雞會生蛋嗎？

答：沒有公雞，母雞還是能生蛋；可是這種蛋由於沒有授精，無法孵出小雞。

❓ 為什麼會有雙黃蛋？

問：有天下午我在廚房看媽媽煎荷包蛋，當媽媽把蛋殼打破後，我發現竟然是兩個蛋黃；為什麼會有雙黃蛋呢？有沒有無蛋黃的蛋？

答：一般的雞都是只有一個蛋黃，只有少數不正常的蛋不具蛋黃。為什麼會有無蛋黃的蛋呢？我們先談蛋的形成過程，當卵在卵巢中成熟以後，會掉進輸卵管中，此時輸卵管會分泌蛋白，裹住蛋黃，最後再分泌蛋殼，把整個蛋黃、蛋白包住而形成蛋。然而，假如卵巢部分有寄生蟲或血塊掉進輸卵管時，輸卵管也會分泌蛋白，蛋殼將它包住，結果形成無蛋黃的蛋。可是，有時候母雞的卵巢機能失調，過分亢奮，結果成熟的卵子會不斷的向輸卵管排出，而這時候輸卵管往往來不及分泌蛋白把蛋黃包覆起來，結果形成雙蛋黃。這的確是個很有趣的現象。

❓ 生雞蛋營養？

問：爺爺最疼小玉，他總是要小玉把生雞蛋吞下去，據說生雞蛋營養，果真如此嗎？為什麼？

答：雞蛋分蛋白及蛋黃兩部分；成分除氨基酸之外，還含有少量脂肪、維生素及鐵質。可是根據科學家的試驗發現，人類的胃腸對於未熟的雞蛋，不容易消化吸收；但是對於已煮熟及半熟的雞蛋，卻能大部分消化吸收。所以，如從營養的觀點來看，應吃熟雞蛋。

而由於雞蛋的殼中有許多細孔，剛生下的雞蛋，其中可能會有活的細菌或寄生蟲寄生；如果未經煮熟而吃進肚中，還可能因而瀉肚或得寄生蟲病。再說，生雞蛋有點兒腥味，風味要比熟雞蛋差。因此，還是吃熟雞蛋比較安全好吃。

❓ 雞蛋蛋黃旁邊白白的東西是什麼？

問：每當媽媽在煮蛋時，打破蛋殼，我總發現蛋黃旁有一小塊白色的東西，那是什麼呢？可以吃嗎？

答：蛋黃旁的小塊狀白色的東西，那是蛋的繫帶，它能使蛋黃固定在蛋白中的一定部位，不會使蛋黃到處流動而受到損害。這種繫帶，也可以食用，因此你可放心的吃；也希望今後你能從日常生活中，再多發掘這類有趣、又有意義的問題。

？ 鳥蛋該怎麼孵？

問：我最近買了一對十姊妹和一粒蛋；可是牠們不孵蛋，該怎麼辦？能不能利用燈泡照蛋使它孵化？

答：這的確是椿令人「苦惱」的事兒；該怎麼辦呢？學愛迪生抱著孵？還是，利用燈泡的熱度？我想，最好的方法是看看有沒有正伏窩的母雞、母鴨，可以把蛋放進牠們的窩中，由牠們代孵；或者是寄放孵卵機代孵也可以。至於利用燈泡照蛋，由於溫度可能不穩定，也可能因周圍氣溫影響忽高忽低，也許會造成不良影響，不太合適。

？ 雞蛋空的一端是什麼呢？有什麼功用？

問：前幾天我看媽媽煮蛋，發現蛋的一端是空的，那是什麼呢？是不是有什麼特殊的功用？

答：雞蛋有一邊較鈍較大，而另一邊小且尖；在鈍且大的那一邊裡面有個空空的小室，這是雞蛋的氣室；氣室中含有空氣，所以雞的胚胎發育時，牠們能以氣室內所含的空氣呼吸。而在小雞將要孵出時，牠們能以喙啄進氣室直接呼吸；由於蛋殼的壁上有很多空隙，所以氣室的空氣並不會匱乏。由此可知，氣室是小雞胚胎呼吸的地方。

？ 孵蛋都是由母鳥負責？

問：是不是所有鳥類的孵蛋工作，全都由母鳥擔任？

答：這的確是一個很有趣的問題；不錯，大多數的人幾乎都認為孵蛋的工作，全都由母鳥負責：像家禽都是如此。可是，許多野鳥孵蛋並不全都是母鳥的責任；有趣的是，公鳥也常和母鳥輪流伏

窩。就以大家熟知的鴕鳥、軍艦鳥、海鷗、企鵝，全都是公鳥、母鳥輪流伏窩；尤其是企鵝，特別「體貼」，幾乎全都是由公鳥擔任孵蛋的任務，母鳥反而較不盡責；看來這些鳥爸爸也應有資格過過「母親節」。

❓ 鸚鵡為什麼會說人話？

問：為什麼鸚鵡會說人話呢？除了鸚鵡，還有哪些鳥兒也會說人話？

答：「哈囉，你好嗎？」當你走過鳥店，突然有隻鳥兒伸頭向你問好，是不是會覺得十分驚訝？牠們真的會說人話？還有，牠們了解這些話的含義嗎？這的確是個耐人尋味的問題。當然，如果說牠們不會「說」人話，很多人一定會不服氣，因為事實就擺在眼前。不過，這種說話是無意識的，牠們並不懂得這些話真正的含義。但是，為什麼牠們會有這種能力呢？在鳥類中，有些種類，例如鸚鵡、八哥，對於各種聲音善於模仿；當牠們被人類馴養時，如飼主一再地教牠們簡單的語句，重複多次，牠們就能以口舌重複模仿這些聲音；慢慢地，也就能人模人樣地琅琅上口了！

而在訓練時，如能施以小惠，例如牠學會了某些字句的聲音時，便給予食物獎賞，那麼這種學習的反射效率往往會加快；有時候，一見及食物時，牠們也許能很快地把所模仿的聲音說出。不過，牠們並不會自己把所學的字句組合起來，而只是重複所學會的字句。

　　因此鸚鵡會說人話，只是牠們模仿人類教牠字句的聲音而已，牠們並不知道這些話的含義。至於會學「說」人話的鳥兒，除了鸚鵡之外，以八哥最為常見。

❓ 鳥類有多少種？

問：世界上的鳥兒究竟有多少種呢？還有，台灣有多少種？

答：全世界的鳥兒，已知的種類大約有八千六百多種；牠們分屬於二十八目，一百二十三科之中。而在台灣，已知的鳥類如果連亞種在內，一共有四百五十種左右；不過，這也包括候鳥、留鳥及過境鳥。根據專家們的調查知道，這四百多種中，留鳥——也就是長年生活在寶島的鳥兒，大約有一百六十種左右。

How are you～

? 世界上最小的鳥類是哪一種？

問：世界上最小的鳥兒，究竟是什麼鳥呢？有多大？

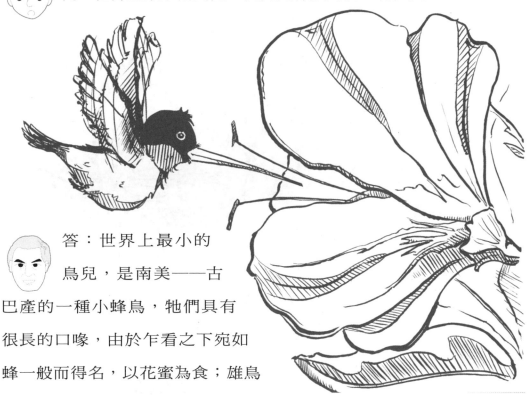

答：世界上最小的
鳥兒，是南美——古
巴產的一種小蜂鳥，牠們具有
很長的口喙，由於乍看之下宛如
蜂一般而得名，以花蜜為食；雄鳥
的體長是五點八公分，展翅的長度只
有二點八公分；而體重則只有兩公克左右而已！這種體型，和大家平常

看到的天蛾成蟲差不多，實在袖珍得可愛！可惜在台灣還看不到這種鳥兒。像美國的南部、中、南美洲，都有這種鳥兒生活著。除了蜂鳥，像生活在東南亞到澳洲一帶的啄花鳥；分布在東南亞到非洲的太陽鳥及產在澳洲、大洋洲的吸蜜鳥，也都會吸食花蜜。

? 為什麼有些鳥兒養不活？

問：為什麼有些鳥兒可以養得好，有些卻養不活？

答：一般，被當成寵物而飼養的鳥兒，例如鸚鵡、八哥，因為牠們的食性及習性已被人類所了解，而且也適應人為的環境，因此能被人們養得好好的；可是，有些鳥兒，尤其是野鳥類，因為人類對牠們的食性、習性不了解，即使了解，牠們也可能需要相當大的空間才能存活，所以較不容易養活。因此，對這類鳥兒，大家不但不應捕捉牠們或飼養牠們，反而要讓牠們能在大自然界中自由自在地活動；因為牠們也是生態環境中的一分子，自有牠們的生態地位，例如啄木鳥，牠們能補食害蟲，可是假如有人想養，他果真能天天抓一大堆昆蟲來飼養

牠們？如果不能，那麼牠們能長得好嗎？如果從自然界抓回一隻啄木鳥，可能有不少害蟲無法受抑制而大量繁殖呢！所以，野生的鳥類，還是讓牠們回歸自然吧！

❓ 鳥兒為什麼會築窩？

問：鳥兒沒人教怎麼會築窩呢？牠們築窩時都用哪些材料呢？

答：許多鳥兒有學習或模仿的能力，但是牠們築窩的習性是與生俱來的，也就是說，沒有其他鳥兒教，牠們也會築窩；在動物學上，這種現象就叫做本能。至於，鳥類築窩的材料，往往因鳥兒的種類而有不同；一般牠們都是利用食物的葉子、羽毛及樹枝等為材料，甚至也會利用塑膠布等垃圾作為築巢的材料。還有，也有些鳥兒是不築窩的，例如杜鵑鳥並不築窩，而把蛋下在其他鳥兒的窩中，由其他鳥兒代孵。

❓ 為什麼鳥籠子外面要罩布？

問：我常看大人遛鳥，發現他們常用黑布罩住鳥籠，為什麼？

答：鳥類有日行性及夜行性兩類；前者是在白天活動，例如雀類；後者是在夜間活動，例如貓頭鷹類。一般，遛鳥的人大多是飼養在白天活動的鳥類；在還沒有遛鳥之前，他們為了使鳥兒不會因為見了日光亂飛亂撞起見，便用黑布罩住鳥籠，使籠中鳥以為仍未天亮而不活躍。等到遛鳥時，他們才把鳥籠掛起來，移走黑布，讓鳥兒「重見天日」，又叫又跳。

❓ 有能在水中游泳的鳥兒嗎？

問：有沒有鳥類能在水中游泳？如果有，牠們是用翅游泳呢？還是用別種構造游泳呢？

答：在水面上游泳的鳥兒很多，其實在水中游泳的鳥兒也不少，而其中最為有名的，要數企鵝了！牠們在水中游泳的情

形，實在不遜於魚兒呢。

企鵝也用翅划水，不過牠們的翅膀特化成鰭狀，所以游起水來，阻力很小，身手矯健。

? 為什麼水鳥老是啄弄羽毛？

問：我和爸爸到關渡賞鳥，發現許多水鳥和鴨子在水面上游來游去；而那天天氣很冷。請問，為什麼牠們不怕冷呢？還有，為什麼鷺鷥和鴨子老是會以口喙啄弄牠們的羽毛呢？

答：在台灣，每年入秋之後常可在河海交口附近發現成群的水鳥活動，牠們之中有些是來自北方的候鳥。這些鳥兒和常見鴨子為什麼不怕冷呢？原來在牠們的體內、外都有禦寒的裝備；在水鳥和鴨子的皮下及內臟，具有許多脂肪，這些脂肪有禦寒的作用。而在牠們長長的羽毛下方，還具有一層短短密密的毛；這些毛由於含有油脂，所以即使在水中，通常不太透水，這樣也就不會把身體打濕了。所以，有了這兩種體內禦寒和體外防寒、防水的「裝備」，就是游在再冷的水中，牠們也不會受涼了；而這也就是牠們「不怕冷」的原因。

可是為什麼牠們一上岸之後會不時以口喙啄弄身上的羽毛呢？原來，在牠們的尾巴背方有尾脂腺，這種腺體能分泌油脂，牠們一把這些油脂塗佈在羽毛上，羽毛也就不會透水了。還有，在啄毛時，牠們也能趁機把羽毛上的水滴抖落，而且還能梳理已沾濕的羽毛，再塗上一層防水的油脂。同時，在啄毛時也能把沾在身上的穢物除掉。

沒想到水鳥、鴨子游水和啄毛的道理也這麼「有學問」吧！

❓ 為什麼鳥兒會移棲？

問：為什麼有些鳥類——例如燕子一到冬天就會往溫暖的南方遷移，而到了春天時又飛回北方呢？可是又為什麼有些鳥類就沒有這種現象？

答：燕子是一種候鳥，而候鳥由於生理及其他環境因素的緣故，每年一到特定的時間一定會作遷移性活動，也就是所謂的移棲現象。而有些鳥兒，所謂的留鳥，牠們長年生活在同一個地區，成長繁殖，所以也就無此移棲的現象了。

? 雞、鴨、鵝都沒有耳朵？

問：是不是雞、鴨、鵝都沒有耳朵？如果有的話，為什麼都看不見呢？

答：常有很多小朋友會問道：「雞、鴨、鵝究竟有沒有耳朵？如果有的話，為什麼我們總看不見呢？可是，如果沒有，那麼為什麼一有大一點兒的聲響，就會引起牠們的「注意」，甚至逃之夭夭？」

雞、鴨、鵝沒有耳朵嗎？不，牠們是有耳朵的；有很多人一談到耳朵，總以為其他動物的耳朵一定和人耳的形狀一樣，其實不然；因為有許多動物，牠們根本就沒有外耳，也就是說看不到耳廓的部分。可是，牠們仍有中耳及內耳，依舊能有聽覺作用；像雞、鴨、鵝及其他的鳥類，就是最好的實例。

然而，牠們的耳朵究竟長在哪兒呢？一般而言，牠們的耳朵是生在頭部兩側；小朋友如果真的找不到的話，不妨瞧瞧屠宰過的雞、鴨、鵝，瞧瞧牠們的頭側，那一對圓洞狀的小孔也就是牠們的耳朵。

? 麻雀吃什麼？巢築在哪呢？

問：麻雀是一種常見的鳥兒，牠們吃些什麼？是害鳥還是益鳥？還有，牠們的巢築在哪兒呢？

答：麻雀是一種常見的鳥兒，在許多珍禽紛紛瀕臨絕種的今天，這種吱吱喳喳的小鳥，由於適應性強，數目反倒有逐漸增加的趨勢；可是，我們對於牠們又了解多少呢？

就以食物來說，有很多小朋友以為牠們只吃穀類——稻、麥、高粱、粟、野草種子……等；其實，除此之外，牠們也捕食許多昆蟲，尤其是在幼鳥的時候，母鳥經常捕捉蝶蛾類的幼蟲及蝗蟲來餵飼牠們。記得在中國大陸，曾有些地區，由於麻雀盜食穀物情形嚴重，於是曾發起全面捕殺這種鳥兒的運動，可是在翌年就發生嚴重的蟲害的問題；可見麻雀在自然生態的平衡上也扮演著一個重要的角色。

然而，牠們會盜食穀物，又會捕殺害蟲，究竟是害鳥還是益鳥呢？這的確是個令人困擾的問題。其實，任何動物的害、益，幾乎是以人類的直接或間接利益作為出發點，如果對人類有害的，那就是有害的動物；相反的，則是有益的動物。不過，如果害、益兼具，那就得權衡輕

重了。換句話說，如果害多於益，那麼可算是有害動物了！可是，對於這類動物，我們千萬不能趕盡殺絕，以免造成嚴重的害蟲問題。

在台灣，麻雀的繁殖季節在每年的三至七月間；這種鳥兒，最喜歡把巢築在屋簷下、牆壁縫及樹洞中，有時候也會把巢建築在樹上。巢通常是以乾草、羽毛、細枝條及碎紙、碎布築成的。母鳥在每一繁殖期中可下四至八個白底，而有暗斑的蛋。

❓ 為什麼鴨子在走路的時候總是晃來晃去？

問：我曾觀察鴨子走路的姿態，發現牠們走路的時候兩腳向內，身體晃來晃去，為什麼？

答：動物在走路的時候，重心通常放在腳上；以我們人類來說，如果以右腳獨立，那麼身體一定會稍向右方傾移，這樣才能站得穩，才能保持平衡。而鴨子的兩隻腳著生的位置是在身體左右兩邊，而且兩腳間的距離較大，牠們身體又壯，因此在走路時，為了保持平衡，腳總是略向內活動，並晃動身體，協助平衡，而頭也搖來搖去，這樣才能協調身體前進。

鴨子也會飛？

 問：有一次我看到一隻鴨飛到屋頂上，許多人抓了好久才抓到，請問：為什麼鴨子也會飛呢？

答：鴨子是人們馴養的家畜，也是鳥類之一；牠們的翅膀相當發達，而且羽翼的機能也尚未退化，因此能作短距離的飛行。

為什麼每年入秋，屏東附近伯勞很多？

 問：我家住屏東，每年一到秋天，為什麼常可看到成群的伯勞飛來；還有，牠們吃些什麼呢？如果飼養起來，容不容易呢？

答：紅尾伯勞是一種候鳥，春、夏時，生活於北方，因此每年入秋，就成群往南飛翔，而台灣南部，乃牠們越冬的中繼站，經過覓食、休息之後，他們會繼續往南飛，因此屏東一帶常能發現這種過境的鳥兒。

伯勞主食害蟲，所以是一種益鳥；但也能吃些成熟的果實。如果你想養，當然可以；不過你能長期供牠蟲兒吃嗎？因此，我還是建議你，

讓牠們在野外自由生活，如果你真喜歡牠們，可用盤子放些食物，吊到樹上讓牠們享用，並勸導村人，別再捕殺牠們。這種鳥兒已受我國法令保護，如捕殺牠們，是違法的行為，會被罰款和判刑。

？ 鴿子能活多久呢？

問：鴿子的壽命究竟有多長呢？吃些什麼？還有，鴿乳是什麼呢？

答：鴿子有家鴿和野鴿之分，全都以穀物為主食，但也覓食各種野生植物的種子或果實。以馴養的家鴿來說，如今大約有兩百個品種。鴿子是一種馴良的家禽，至於鴿子的壽命，往往因種類或體能狀況而定，如果我們能細心飼養，那麼牠們可活十五、六歲左右。至於「鴿乳」，這是雄鴿和雌鴿在鴿寶寶孵化後，從嗉囊中所分泌出來的一種營養物質，可用以哺育鴿寶寶。一般，在鴿寶寶孵化後的五天內，牠們都能吃到這種物質。

❓ 鴿子的身上也有蝨子嗎？

問：有一天，哥哥把鴿子抓出來，並告訴我說：鴿子的身上有蝨子；又說：如果鴿子死了，蝨子才掉下來，真的是這樣嗎？

答：不錯！鴿子的身上也有蝨子寄生等，這種蝨子，叫做鳥蝨，會吃羽毛和皮屑；鳥蝨是在鴿子死後，才會掉到地上，然後等機會爬到其他鳥兒的身上，繼續寄生。

❓ 鴿子長到多大才能生育？

問：我喜歡鴿子，請問養到多大時，鴿子才有生育能力？牠們要伏窩多久？

答：鴿子是一種西元三千年前就被人類馴養的鳥兒；在早期牠們主要被用作通訊之用。如今，除了通訊之外，牠們還有肉用、比賽用及觀賞用等功用。這種鳥兒，通常在長到三個月大時，便能發情，具生育能力。不過，一般飼養供賽鴿用的鴿子，最少在六個月大，甚至一年左右才會讓牠們交配、繁殖。至於鴿子伏窩時間，通常只

要十七、八天，由雌雄鴿輪流孵蛋。

如何分辨雌、雄鴿子呢？

問：如何分辨鴿子的雌、雄呢？還有，蛋要孵多久才孵化？

 答：雄鴿子的身體緊縮有勁，鼻瘤比雌鴿發達，眼炯炯有神比較活潑。還有，在繁殖期間，雄鴿會咕咕叫，並邊叫邊跳，但雌鴿總是文文靜靜的。至於鴿蛋，通常經十八天的孵育，也就能孵化了。

貓頭鷹吃些什麼呢？

問：有一次我看見樹上有隻貓頭鷹，很想把牠抓來養，可是我又不知道牠吃什麼，只好放棄，牠吃什麼呢？

 答：貓頭鷹是肉食性動物，主要以鼠、蛇類、昆蟲及鳥兒為食；所以飼養時除了可用這幾種動物餵養外，也可用雞鴨或豬

肉餵牠們。但野生貓頭鷹不易馴養，還是讓牠們在野外自由自在生吧！

為什麼企鵝不怕冷？

 問：每次看影片時，企鵝總是生活在冰天雪地之中，為什麼企鵝不怕冷？

答：生活在寒帶的動物，為了適應當地的環境，除了體外被有濃密的毛皮之外，體內也有一層肥厚的脂肪。這樣，即使冰天雪地，牠們不畏風寒。企鵝就是典型的寒帶動物，牠們有濃密的毛皮，也有肥厚的脂肪，所以不但不怕風雪，還能在冰冷的海域中游來游去。

企鵝吃些什麼食物？

 問：企鵝要不要冬眠呢？牠們在冰天雪地中究竟是靠什麼東西為生？

答：企鵝是一種極區常見的海鳥，並不需要冬眠；一般，這種鳥兒雖然常在雪地上活動，但牠們通常躍入海中覓捕魚、蝦及

其他軟體動物類為食。

❓ 飛渡大海的燕子吃什麼？

問：燕子在作移棲飛行時，吃些什麼呢？在什麼地方休息呢？

答：燕子和其他候鳥一樣，在移棲之前，牠們會吃大量的食物，然後以脂肪等型式貯藏起來；而當牠們渡海飛行時，通常是不吃東西的；不過如遇不適的環境或飢餓的時候，也會覓尋途中的小島或陸地登陸，避難或找尋昆蟲為食，再作啟程。

燕子最喜歡的食物是昆蟲——例如蝗蟲、白蟻或蝶蛾類的幼蟲，所以你如果想好好養，就要多抓點兒蟲餵牠們，否則還是把牠們放生吧！因為牠們是益鳥，何況牠們之中有些是候鳥，不適合馴養。

❓ 哪一種燕窩能吃？

 問：聽說燕窩是高級的食品，可是我家屋簷下的燕窩好像是泥巴和枯草做的，怎能吃呢？是不是有特定的種類？

 答：平常常見的家燕老是在屋簷下築巢，而且巢上如不是泥巴就是枯草，有時候還沾有很多糞便，這種巢怎能下口呢？其實，作為高級食品的燕窩是一種金絲燕築成的巢，這種燕子，能利用海藻和唾液築窩，這種窩大多築在海邊的岩上，十分乾淨，因此能夠食用；但台灣並沒產這種燕子。

❓ 為什麼燕子在稻田上空打轉？

 問：為什麼每當水稻收割時，總有成群的燕子飛在空中打轉呢？又為什麼燕子一到陰天會低飛？

 答：我們知道，燕子是一種吃昆蟲的益鳥；當水稻收割時，原來生活在稻株上的昆蟲受到侵擾，紛紛飛跳起來；這時候，燕子一發現可口的蟲兒，立即會成群飛了過來，準備大吃一頓；所以，每

當水稻收割時，經常可看到一大群燕子在空中打轉。在陰天空氣中的水蒸氣相當多，飛翔性的昆蟲翅上沾有小水滴，也就會飛得較低，為了捕食這些小蟲，燕子當然非低飛不可啦！其實，如果蟲兒飛得低，不管是晴天或陰天，燕子仍然得低飛才能捕捉到獵物。

? 為什麼鶴睡覺時總是獨腳站著？

 問：為什麼鶴睡覺的時候，總是單腳獨立呢？

答：其實，在鳥類中，有許多水禽，例如鶴、鷺鷥、紅鶴，甚至許多海鷗，每當牠休息的時候，總是單腳獨立。而牠們之所以有這種習性，第一，可以「節約能源」；第二，能始終保持警覺狀態，如一有風吹草動，牠們也就能迅速飛起。同時，站著睡要比臥著或蹲著睡更能看得遠些。不過，牠們並不是只有單一隻腳，而是兩隻腳輪流使用，輪流休息。

❓ 信天翁吃些什麼？

問：我在一本書上看到一種叫做信天翁的海鳥十分漂亮，牠們也出現於寶島嗎？吃些什麼？

答：信天翁是一種飛翔能力很強的海鳥，牠們通常以海裡的魚兒當做食物；這類海鳥，也生活在台灣的海邊。根據記載，寶島產的信天翁只有兩種，在一九二〇年代，數量頗多；可是，近些年來，卻不多見。

❓ 綠繡眼鳥吃些什麼？

問：前幾天我抓了幾隻綠繡眼，但不知牠們吃些什麼？

答：綠繡眼最喜歡吃昆蟲、花蜜，因此你不妨找這些東西餵牠；你也可以到鳥店買些飼料，例如小米等合著餵。不過，我還是建議你把牠們放了，讓外型可愛，叫聲清脆的綠繡眼在野外自由自在地生活。

？ 烏鴉會報喪？

問：烏鴉真的會報喪？

答：在我國的民間傳說中，烏鴉是一種不吉利的鳥兒，說牠們會報喪，所以幾乎人見人厭。然而，牠們真會報喪嗎？我也不敢說；但是我們知道，這類鳥兒，通常以腐肉為生，嗅覺靈敏，一聞到腐肉味，會成群飛來，所以喪宅停有烏鴉，似乎不是件令人大驚小怪的事兒，因為人死之後也會腐敗，牠們可能聞味而來呀！不過，牠們是不是在人未死前會趕來報喪，似乎沒有科學根據。

？ 鷺鷥吃什麼呢？

問：今天爸爸從外面買回一隻白鷺鷥，長得潔白可愛，我很想把牠養大，可是我不知道牠吃些什麼？會不會啄人？

答：鷺鷥通常啄食魚、蝦、青蛙及昆蟲為食；不過餵養時你除了用這些食物餵之外，偶爾也可餵牠吃些米飯。然而這種野生

的鳥類並不太好養，危險性大，所以我建議你養幾天玩玩之後，能把牠放走，何況這也是一種益鳥呢！另外，鷺鷥雖然脾氣看似溫和，但有時候也會啄人；在自然界，當牠們伏窩孵蛋的時候，最會啄人，千萬別接近。

❓ 杜鵑都不會築巢？

問：杜鵑鳥是不是都不會築巢？為什麼牠們在其他的鳥巢通常只下一個蛋？不會被發現嗎？

答：布穀鳥，也就是動物學家所稱的杜鵑鳥，在台灣的山中也十分常見。全世界已知的種類約一三○種左右，其中大部分的種類都不築巢，而把鳥蛋產在雀鳥類的巢中讓那些「糊塗媽媽」代孵，也就是因為牠們有這種習性，所以被鳥類學家稱做所謂寄生性鳥類。可是，在西半球中，有些杜鵑鳥也會建造簡陋的鳥穴。牠們仍會孵蛋。所以並不是所有種類的杜鵑都不會築巢。至於不築巢的杜鵑鳥為了使母鳥全心全意照顧牠們的後代，巢中通常只下一個蛋。由於杜鵑鳥孵化期較短，牠們常把後孵出的幼鳥，甚至鳥蛋推出巢外，可是「糊塗媽媽」仍

以為這些「小兇手」是自己的寶寶，把牠們養得肥肥胖胖的呢！

孔雀為什麼要開屏？

問：我們常聽說「孔雀開屏」的成語，對啦！孔雀為什麼要開屏？

答：孔雀是一種外型華麗的鳥類，這種鳥類，雄鳥羽毛豔麗動人；每當牠們求偶

的時候，雄鳥會紛紛展開全身亮麗的羽毛，向雌鳥示愛，而牠們彼此之間，也以開展的方法相互比美。因此，孔雀之所以開屏，除了可向同性同伴炫耀比美之外，最終的目的是為了引起雌鳥的注意而贏得牠們的芳心。

❓ 火雞開屏有什麼作用？

問：「孔雀開屏可吸引雌性」；那麼「火雞開屏」的目的又是什麼？

答：火雞，這種原產於北美的家禽目前已成為世界性馴養的鳥類之一，品種也不少。牠們的雄鳥和雄孔雀一樣，在求偶的時候會張大尾羽向雌雞炫耀求愛；所以，牠們開屏的目的和雄孔雀開屏的目的是一樣的。

❓ 台灣藍鵲吃些什麼？

問：我聽鄰居說他看過台灣藍鵲，請問這種鳥兒吃些什麼呢？

答：台灣藍鵲，也就是俗稱的長尾山娘，外型優雅，是寶島特產珍禽之一。這種鳥兒，體長在十五至二十三公分間，而尾長長達三十五至四十三公分，是大型的山禽，在山中，牠們雜食植物性食物，喜歡吃野果、種子、昆蟲，也會找死魚等動物屍體吃；但最喜歡

造訪果園，找熟透的香蕉及木瓜。對啦！小朋友們如沒看過牠們的真面目，不妨參加賞鳥協會或國家公園的賞鳥活動，或到動物園內參觀。

動物園裡的白天鵝不會飛走？

問：為何動物園裡的白天鵝不會飛走？

答：翅上的飛羽和體內的飛翔肌肉是鳥兒飛翔的重要工具；白天鵝雖然是一種已被人類馴養的水禽，但是牠們的飛翔肌肉並未退化，飛羽也密生翅上。所以，只要有足夠的飛行水道，牠們仍能翱翔空中。

因此，當牠們被送往動物園之後，管理員為了防止牠們逃走，會剪掉牠們的飛羽，或割取指骨，或腕掌關節，使飛羽無處著生；這樣，翅膀便無力飛翔了。同時，天鵝池並不寬敞。四邊常有障礙物，即使牠們能勉強揮翅，也難飛向空中。可見，這並不是牠們被養得太胖，飛不起來，也不是飛翔肌肉退化的緣故。

Part5

一隻青蛙一張嘴

兩棲類動物包括哪些？

 問：除了蛙外，兩棲類動物還包括哪些呢？

答：兩棲類動物是指幼期生活水中，而成體能在水、陸棲息的一群動物。以蛙類為例，牠們的幼期——蝌蚪是生活水中，但蛻變成幼蛙之後，則水陸兩棲；是典型兩棲類動物。而除了蛙類之外，蟾蜍類、蠑螈、山椒魚等，都是兩棲類動物。在台灣，兩棲類動物包括蛙類、蟾蜍類及山椒魚類，已知的有三十多種。

蝌蚪吃些什麼呢？

 問：前些日子，我在池塘內看到一些蝌蚪，但我不知道牠們吃些什麼，而如果把牠們養在有自來水的臉盆裡，牠們能活嗎？

答：池塘裡的蝌蚪，在未長出腳以前，通常以池中的水藻、有機物及腐敗的有機物粒子為食；但當牠們長出腳後，除了能吃這些食物之外，也會捕捉孑孓、浮游生物及其他小動物為食。

? 蝌蚪會變成蟾蜍嗎？

問：由於自然課本談到蝌蚪變成青蛙的情形，因此我和弟弟都想去抓蝌蚪；可是同學說蝌蚪會變成蟾蜍；而且蟾蜍要是排尿在瓶子裡，摸到就會肚子痛，是真的嗎？

答：青蛙和蟾蜍的幼期，都叫蝌蚪，都生活在水中，因此如果你到野外的塘沼中抓這些蝌蚪回來養，有些蝌蚪可能變成青蛙，有些蝌蚪可能變成蟾蜍。不過這兩種蝌蚪，仍可區分；青蛙的蝌蚪尾巴通常尖尖的，而蟾蜍的蝌蚪，尾巴則較圓鈍。

至於摸到蟾蜍的尿會肚子痛，毫無科學根據，應屬無稽之談；當然啦！你如果摸到蟾蜍的尿，甚至其他動物的尿，就非得用肥皂清洗不可，因為這些排泄物也是髒ㄅㄅ的呀！

? 青蛙能在水中待多久？

問：青蛙能在水中生活，也能在陸地上生存；牠們是不是也能藉皮膚呼吸？牠們能在水中待多久？

答：青蛙的幼期就是蝌蚪，牠們生活於水中，而以鰓呼吸；可是，當蝌蚪蛻化變成青蛙之後，鰓消失，而以肺呼吸。所以，這種兩棲類動物在長成之後，雖然潤濕的皮膚也能進行呼吸作用，但主要還是以肺臟呼吸。因此，牠們絕不能長久待在水中生活，仍須在地面或冒出水面呼吸，如果把牠們按在水中，牠們也會因窒息而淹死。至於牠們究竟能在水中待多久，你何不動手實驗？也就是抓幾隻青蛙，把牠們放在盆中，然後用手錶量一量牠們能潛水多久？做的時候一隻隻做，最後再做個平均，你也就能得到答案了。

? 蟾蜍為什麼不能吃？

問：蟾蜍和青蛙是不是同類？為什麼青蛙能吃，而蟾蜍卻不能吃？還有，牠們的食物一樣嗎？

問：蟾蜍和青蛙同屬於兩棲類動物，但牠們屬於不同的科；蟾蜍由於皮膚會分泌有毒的物質，所以不能食用，不過在中藥上牠們可以用來入藥。至於這兩種動物的食物，都差不多，不但能捕食蚊、蠅等昆蟲，也會吃蚯蚓以及所有捉得到的小動物。

台灣有幾種烏龜？

 問：台灣有幾種烏龜呢？是不是都生活於河中？甲魚是不是指鱉?

答：台灣的龜類有陸棲的及海棲的兩類；前者只有四種，都生活於河流、塘沼或高山之濕地；還有一種外來的巴西龜已證實能在野外繁殖。至於後者也有四種，都是生活於海中。而俗稱的甲魚，也就是大家常可見得到、吃得到的鱉。

如何養龜？

 問：龜是胎生還是卵生？牠們吃些什麼？要怎麼飼養呢？

答：烏龜是一種卵生的爬蟲類動物；大多數種類的烏龜主要的食物是水生植物及活的小動物；所以在飼養時你可利用有水有陸的小池子，或大盆子，裡面放些菜葉及活的小魚、蝦、蚯蚓或蝌蚪……等小動物。要注意的是池子或盆子必須經常清理，並把剩下的食

物除掉，以免醱酵腐敗。

怎麼區別雄龜和雌龜呢？

 問：我很喜歡烏龜，可是卻不會區分牠們的雌雄，告訴我好嗎？

 答：龜的確是一種可愛的動物；不過從外表上，牠們很難分出雌、雄。但是，仍然可以從下列的特徵，區別這兩種性別。一般說來，雄龜的尾巴比雌龜長；雄龜的腹甲比雌龜彎曲，同時稍短些。另外，雄龜前腳上的爪子要比雌龜稍長些。你不妨作作參考。

母海龜為什麼要爬到沙灘上下蛋？

 問：母海龜要生蛋的時候，為什麼都爬到沙灘上，並把蛋下到沙堆中呢？牠們為什麼不直接把蛋下在海裡呢？

 答：龜蛋要孵化時，必須要有較高的溫度，而海灘上的沙堆，溫度適合龜蛋的孵育，所以母海龜便把蛋下在沙堆之中。如果

下到海裡，不但無法孵化，海流也可能把蛋沖散，而且這些蛋蛋也可能被其他動物吃掉。

? 食蛇龜有毒嗎？

 問：食蛇龜真的有毒嗎？台灣有沒有？在哪些地方比較常見呢？

 答：食蛇龜是一種腹甲構造奇特的陸龜，有很多人以為牠們能吃蛇，含劇毒；事實上，牠們並沒有毒，根據我向國內的龜類專家請教，經解剖並沒發現這種烏龜有吃蛇的跡象。所以，請大家別擔心！在台灣，這種受保護的烏龜，以南部屏東、高雄一帶之山間的溪流附近較多。

? 為什麼龜笑鱉無尾？

 問：鱉是不是沒有尾巴？不然大人們怎麼老是說「龜笑鱉無尾」？

答：龜、鱉都是有尾巴的爬蟲類動物，只是牠們的尾巴都不怎麼長。

為什麼大人們常說「龜笑鱉無尾」？這是說，一個人不知自量，而亂批評人家，以龜來說，牠的尾巴短短的，可是牠不想想自己的尾巴長度和鱉相差無幾，卻看到鱉尾短短的，便笑鱉無尾。所以，小朋友們絕不能在背後亂批評人家，而且在批評人家之前也要想想自己怎麼樣。

❓ 為什麼海龜下蛋時會不停地流淚？

問：為什麼海龜在生蛋的時候會不停地流淚呢？牠是不是在哭？

答：海龜生蛋時會流淚，這的確是一個有趣的現象，有很多人認為牠有靈性，是在哭泣；其實果真如此嗎？

海龜生蛋時往往要出很大的力量，而牠們每次總下好多個蛋，要用很大的力量，結果由於出力過度，便流下淚來，這是一種極正常的生理現象。

? 玳瑁能不能吃？

 問：前幾天爸爸帶我們去烏來，在一家商店看到一隻玳瑁的標本，弟弟說，那是一種龜類，真的嗎？那牠們能不能食用呢？

答：玳瑁是龜科中的一種，產於台灣各海域，尤其是淡水、恆春、澳底及蘭嶼一帶；牠們的肉略帶有臭味，所以在以往漁民很少食用而是用於作裝飾。不過牠們的蛋曾被食用。但現在玳瑁是保育類動物，依法是不能利用的。

? 壁虎為什麼能直立在玻璃上？

 問：壁虎為什麼能直立在玻璃上而不會掉下來呢？牠們吃什麼食物呢？

答：壁虎是一種常見的爬蟲類動物；牠們經常出現在住家的牆壁上；在台灣，一到夏天，往往可在入夜後的燈光下發現牠們的芳蹤。

壁虎的腳趾下有吸盤狀的構造，能黏附在物體上，因此牠們能在天

花板、牆壁，甚至玻璃上行走自如，不會掉落下來。這種動物，以昆蟲為食物，因此可算是一種有益的小動物，小朋友可要愛護牠們唷！

❓ 壁虎叫聲的功用如何？

問：最近每天晚上我常聽到牆壁上壁虎的叫聲，牠們為什麼要「嘎！嘎！」地叫呢？

答：壁虎之所以嘎嘎地叫，一是向異性求偶，另一個目的是警告同性不可侵入牠的地盤，因為這種小型爬蟲類具有領域性，一旦同性侵入牠的活動範圍，便用嘴巴咬對手，直到把對方趕出為止。

❓ 為什麼壁虎不喝水也能活呢？

問：我觀察壁虎很久，發現牠們並不喝水，為什麼呢？牠們怎麼不會渴死？

答：壁虎之所以能不喝水，那是因為牠們能從食物中獲得足夠水分的緣故；所以如果沒有充足的水分，牠們還是會渴死的。

問：我常聽奶奶說被蜥蜴咬到會死，真的嗎？

答：蜥蜴中有些種類帶劇毒，被咬了之後如不立刻延醫診治，
　　往往有生命的危險；不過台灣產的蜥蜴無毒，所以還不會咬死
人，可是蜥蜴口中有齒，咬人也可能會受傷流血，仍得小心，以免受皮
肉之痛。

? 四腳蛇是蜥蜴嗎？

問：許多人說的四腳蛇是不是指蜥蜴？又，牠們是不是真如一
　　般人所說的是恐龍的後代？

答：一般人所說的四腳蛇也就是指蜥蜴類，包括蜥蜴、蛇舅
　　母、石龍子等。不過，由於牠們的外型很像史前動物──恐
龍，因此常被認為是恐龍的後代；其實，蜥蜴並不是恐龍的後代，只是
牠們之間血緣頗為相近，同是爬蟲類動物中的成員。蜥蜴可能棲息在草

叢之中，但也有些種類能攀在灌木叢間或沙漠之中，甚至生活在海邊。蜥蜴類動物主要是以昆蟲為食，所以像蝗蟲、蛾、蝶，甚至螞蟻，都常成為牠們口下的犧牲品。

❓ 恐龍為什麼會絕種？

問：恐龍是不是真的絕種了？聽說英國有一個大湖中還有，真的嗎？如果真的絕種，那為什麼會絕種呢？

答：相傳英國尼斯湖中有一「水怪」，有人認為這是蛇頸龍，但據科學家們早期的觀察，仍未確切發現，目前仍繼續觀察中。所以由現有的證據顯示，這種中生代時期最繁盛的爬蟲類動物，已經絕種；至於絕種的原因頗多，其一是地球上的氣候發生很大的轉變，不適於恐龍生存，另一個原因是牠們的食量很大，食物不敷需要。但是也有人認為彗星撞地球，引起恐龍絕種；這些都是推測，目前科學家們仍繼續追究恐龍絕種之謎。

? 打蛇要打七寸？七寸是什麼部位？

問：老一輩的人説：「打蛇要打七寸」。七寸究竟是什麼地方呢？

答：蛇是一種許多人都害怕的動物，因此不管是毒蛇或非毒蛇，只要牠們一出現在人們活動的範圍中，每每慘遭毒手；但在打蛇的時候，如果技巧欠佳，不但打不死蛇，有時候可能還會被反咬一口呢！因此民間傳說：「打蛇要打七寸。」但這並不是沒道理的，因為「七寸」也就是蛇心臟的部位，一旦心臟被擊，蛇也就活不了了！不過，可別以為七寸就是七寸長的地方，因為蛇的大小長度都不一樣呀！

? 蛇為什麼脫皮？

問：在野外有時候可看到蛇皮，牠們為什麼會脫皮呢？

答：蛇在生長過程中，體型會變大，此時牠們會脫掉舊皮，繼續生長，所以脫皮是為了身體增長的緣故。

❓ 蛇被泡在酒裡，為什麼不會腐爛或發臭？

問：每經過蛇店，就看到有許多蛇被泡在酒裡，請問，整隻蛇泡在酒裡，為什麼不會腐爛發臭呢？

答：酒裡面含有酒精的成分，而酒精具有防腐防臭的功能，所以整隻蛇被泡在酒中，也就不會腐爛或發臭了！但是如果酒中酒精的成分少，或瓶蓋沒封好，酒精徐徐揮發，這樣泡在瓶中的蛇，可能就會慢慢的腐爛而變臭了。

❓ 養鱷魚應餵些什麼食物？

問：最近台灣有很多人養鱷魚，可是我不知道們用什麼餵牠們？

答：在自然界中，鱷魚是一種殘暴的肉食性動物，幾乎能攻擊所有前來河邊喝水的動物，例如野牛、山羊、羚羊及鹿類等；而在人工飼養的鱷魚園中，養鱷人家通常是用魚肉或獸肉來餵飼牠們。在台灣，養鱷魚較多的地方是在台南縣、嘉義縣及屏東一帶。

❓ 守宮是恐龍的化身？

問：最近我常聽人說守宮是恐龍的化身？真的嗎？牠們是有益還是有害呢？

答：恐龍早在七千萬年前就在地球上絕滅了，雖然守宮和牠們同是屬於爬蟲類動物，但不能說牠們是恐龍的化身。守宮由於會捕食許多害蟲，因此常被人們視為有益的動物；可是由於牠們外型不討喜，一旦闖入屋中，許多人常將其追殺，其實這是不對的；如果怕牠們爬入屋中，不妨加裝紗門、紗窗；萬一牠們闖入，不妨小心用捕蟲網捕捉，放生室外。

❓ 水蛇吃什麼呢？

問：前些日子看電視上的「動物奇觀」影集，發現有很多水蛇潛在水中，不知牠們用什麼呼吸？還有牠們吃些什麼呢？

答：水蛇是以肺呼吸，但在水中牠們通常能屏氣潛游；至於牠們的食物，以水中的蝌蚪、成蛙及魚蝦為主。

❓ 為什麼響尾蛇的尾巴會發響？

問：響尾蛇的尾巴為什麼會響呢？這種蛇台灣有嗎？

答：這個祕密是在牠們尾巴的構造；響尾蛇的尾巴末端有一個硬化的角質輪，在這個輪內有兩個由角質腔隔成的空泡，當牠們擺動尾巴時，空氣會在其中形成一道氣流而發出聲響，是不是挺有趣的？在台灣並沒有這種「怪」蛇，這種蛇主要的產地是在美國。

學習館 12

自然課沒教的事（1）

動物總動員

著者	楊平世
繪者	曾源暢
責任編輯	何靜婷
美術編輯	張乃云
發行人	蔡澤蘋
出版	健行文化出版事業有限公司
	台北市105八德路3段12巷57弄40號
	電話／02-25776564・傳真／02-25789205
	郵政劃撥／0112263-4
九歌文學網	www.chiuko.com.tw
印刷	晨捷印製股份有限公司
法律顧問	龍躍天律師・蕭雄淋律師・董安丹律師
發行	九歌出版社有限公司
	台北市105八德路3段12巷57弄40號
	電話／02-25776564・傳真／02-25789205
初版	2008（民國97）年1月10日
初版3印	2015（民國104）年8月
定價	**250元**

書號	0205012	
ISBN	978-986-6798-05-4	Printed in Taiwan

（缺頁、破損或裝訂錯誤，請寄回本公司更換）

國家圖書館出版品預行編目資料

自然課沒教的事（1）動物總動員
　／楊平世著. – 初版. --
　臺北市：健行文化, 民97.01
　面；　公分. -- (學習館；12)
　ISBN 978-986-6798-05-4 (平裝)
　1.動物　2.問題集　3.通俗作品
380.22　　　　　　　　96017160

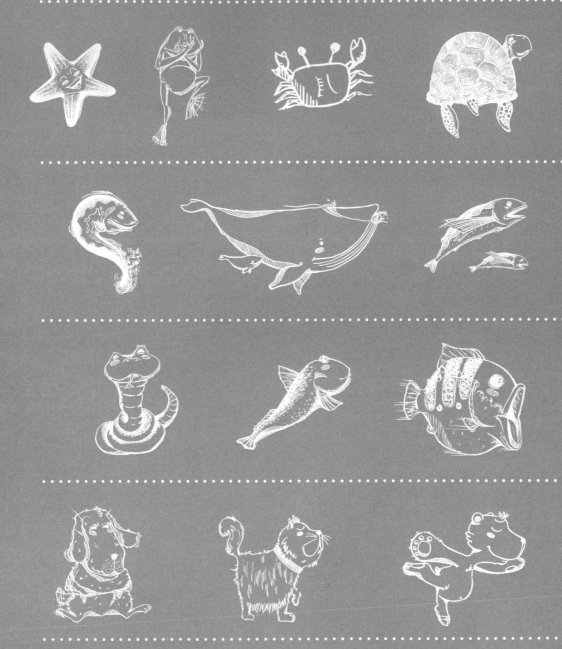